翻轉學

翻轉學

翻轉學

翻轉學

執行 OKR 帶出強團隊

保羅‧尼文 Paul R. Niven
班‧拉莫 Ben Lamorte 著

姚怡平 譯

Google、Intel、 Amazon……一流公司激發個人潛能、
凝聚團隊向心力、績效屢創新高的首選目標管理法

Objectives and Key Results
Driving Focus, Alignment, and Engagement with OKRs

獻給妻子露薏絲（Lois）
她始終相信我，更激勵我突破界限。

—— 保羅・尼文

獻給妻子亞莉安娜（Ariana）　　．
她付出無盡又無條件的愛，鼓勵我專注邁向夢想。

—— 班・拉莫

Contents

目錄

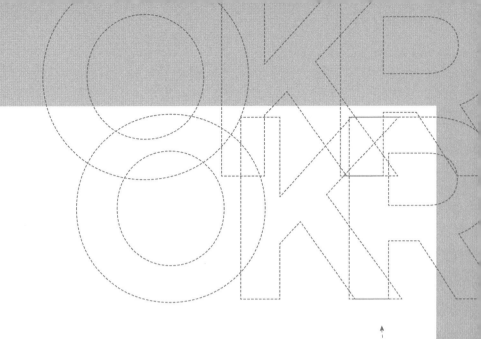

第 7 章　成功典範

好評推薦

「在組織管理觀念由過往的『管理思維』逐漸轉換到重視『領導思維』的此際，結合公司願景與策略的 OKR 模式，有別於傳統的 KPI 績效考核制度以數字定義成果，OKR 以全方位的目標設定與定義出關鍵成果，讓組織全體成員自動自發以有方向、有進度的方式達成績效。本書將幫助組織領導人與成員掌握 OKR 實施之要旨，得以導入運用此一強大的績效管理工具。」

—— 李全興（老查），「老查 old school」Youtube 頻道

「這是一本具備策略思考高度，同時又能具體陳述 OKR 如何落地的好書，推薦給所有對 OKR 有興趣的朋友。」

—— 游舒帆（Gipi），商業思維傳教士

「本書為貴單位帶來的價值著重在業務成果，而非技術。是想調整資源方向，關注企業眼中最重要之事的必讀佳作。閱讀本書獲得的洞見與技巧，可讓人立刻清楚自己的使命。」

—— 羅傑・弗哲（Roger Fugett），CareerBuilder 資訊長

「就算敝公司三年前就已經實踐 OKR，本書還是有助我思

考怎麼繼續改善做法，怎麼從 OKR 的莫大價值中，獲得更大的益處。如果你才剛接觸 OKR，讀讀本書吧！如果你已經實踐 OKR，也讀一讀吧！」

——荷莉・安格勒（Holly Engler），

西爾斯控股公司（Sears Holdings Corporation）

策略人才管理總監

「精采之作！要提升作業嚴謹度與契合度，OKR 是關鍵環節，每家公司都能從這種做法獲益。應用適當的技術與流程，工作方式就能獲得真正的革新。若期望業務成果、創新、員工投入度、契合度等獲得提升，本書是必讀之作。」

——克里斯・達根（Kris Duggan），BetterWorks 執行長

「尼文和拉莫共同撰寫出這本全方位的 OKR 指南，太棒了！他們提出有趣又務實的做法，肯定能節省讀者的時間，快速釐清哪種方式對貴單位最有效用。」

——亨利－真・范德波爾（Henrik-Jan van der Pol），

Perdoo 創辦人暨執行長

「這本重要的 OKR 手冊是由 OKR 領域兩位知名專家撰寫。我身為 OKR 教練，在此信心十足地說，你絕對不想錯過這本佳作。」

—— 菲利普・卡斯楚（Felipe Castro），

Lean Performance 創辦人

「基於諸多理由，公司想成功，就務必要設立目標，並據此衡量績效。公司想把這些事情做對的話，本書是必讀之作。」

—— 蘭德爾・博爾滕（Randall Bolten），財務長、

《讓你的數字會說話》（*Painting with Numbers*）作者

「本書會協助你實踐一套靈活又透明的制度，讓貴單位上下走向契合，把心力放在重要事項。OKR 很容易理解，準則也放諸四海皆準，從矽谷一直到柏林的創業文化都適用。」

—— 羅伯・甘茲（Robert Gentz），

Zalando SE 共同創辦人暨共同執行長

「計分卡適合高階主管採用，儀表板適合部門採用，那什麼適合個人採用？進入 OKR（目標與關鍵成果法）的世界吧！這種精簡的新技巧在英特爾和谷歌實踐後流行了起來，可找出應關注的重點並激勵員工更上一層樓。本書闡述 OKR 的內容和運作模式，以及 OKR 如何引導組織轉型。」

—— 韋恩・艾克森（Wayne W Eckerson），

Eckerson 集團創辦人暨首席顧問

「我發現 OKR 時，知道有人已經系統化編纂出一些方法，卓越的高階主管可藉此創造出始終如一的優異績效。我閱讀這本書時，看到尼文和拉莫闡述了 OKR 的內容，包含 OKR 為何能帶領公司邁向成功，如何以務實高效的方式實踐 OKR 等。大小企業的執行長都應該閱讀本書！」

——馬克·米契爾（Mark Mitchell），創業者、天使投資人

「OKR 不只是矽谷的玩意，從穩健的《財富》（*Fortune*）五十大企業，到高成長的中型私人公司，我親眼見證了 OKR 的轉型力量。企業領導者若想運用這種考量周全又具前瞻性的目標設定思維，打造出更靈活、更投入、成效更高的團隊，那麼本書絕對是必讀之作。」

——狄恩·卡特（Dean Carter），
Patagonia 共享服務部門副總

「OKR 有如神奇的機器，把策略插入機器的一端，專注執行就會從另一端出來。本書講述了打造這機器所需的一切。閱讀本書，按照書裡說的做，就能看到神奇的事情發生。」

——約翰·賀伯（John Herbold），GoNoodle 共同創辦人

「這本書鉅細靡遺卻十分易讀，呈現出 OKR 的意義所在。如果你希望公司像背上噴射背包般飛快成長，肯定會想閱讀

本書。」

　　　　　　　──克里斯蒂娜・沃特克（Christina Wodtke），

　　史丹佛大學進修部（Stanford Continuing Studies）兼任教授、

　　　　　《OKR 工作法》（*Radical Focus*）作者

前言
執行 OKR 的全方位指南

　　任何公司開始落實 OKR 後，很快就會明白 OKR 的作用之大，遠超乎一件「評量專案」。OKR 的最終目的是藉由辨別目標與關鍵成果來改善績效，還要經常修訂目標與關鍵成果，以利公司在瞬息萬變的商場上靈活應變。然而，要藉由 OKR 獲得成功，就必須持續執行無以計數的程序和事項。

　　首次實踐就想獲得成效，就要推動高階主管由衷給予支持並懷抱熱忱，要判定何處需應用 OKR，要精通有效 OKR 的細節，要公司整體上下都連結 OKR，要呈報成果，要獲得關鍵知識，要讓這套方法深植於公司文化，而這些並非全部要件，此處只不過列舉一部分罷了。

　　行文至此，就標準做法和經過驗證的流程而言，OKR 仍是相當新興的領域。OKR 是剛萌芽的準則，有愈來愈多人開始實踐，顧問與軟體供應商也主動試圖彌平知識鴻溝，但渴望實踐 OKR 的組織沒有明確的說明指南可供參考，難免受到潛在缺點所害，白白浪費為求變革所付出的心力。對於前述困境，本書正是答案所在。撰寫本書為的就是彌平知識與實踐間的鴻溝。組織想獲得 OKR 的好處，就必須先意識到 —— 並懂得克服 —— 大範圍實施這套做法時，會碰到的種種挑戰。

本書內容奠基於我們在全球各地的 OKR 顧問經驗和大規模研究，猶如一本全方位指南，引導讀者領略整個 OKR 領域。本書簡要介紹的工具和技巧必能協助目前採行 OKR 的人士獲得成功，並促使更多高階主管在所屬組織推行 OKR 計畫。在概述本書的編排方式以前，先說明我們的背景，還有我們在這個主題上的經驗吧！

如何開始落實？

把 KPI 轉成 OKR —— 班

> 你跟家人一起健行時，可以只是到處走走欣賞風景；但職場的目的地必須萬分明確。否則非但浪費你的時間，也浪費了共事者的時間。

上面這段出自甲骨文公司（Oracle）前財務長傑夫・沃克（Jeff Walker）的智慧之語改變了班的人生。沃克在與班私下談話時，提出這番建言，他日後還擴展這項準則，在 2011 年於加州帕羅奧圖（Palo Alto）對一群規畫專家發表主題演講。在演講時，沃克解釋何謂 OKR（即「目標與關鍵成果法」），探討企業如何設立目標，據此描繪未來的宏圖。

所謂的目標就是有抱負且品質化的宣言，是為了推動企業朝想要的方向邁進。然後，各項目標轉化成一連串根本又可測的關鍵成果。如果目標是問：「我們想要做什麼？」那關鍵成果就是問：「我們如何才能知道自己是否達成目標？」雖然班立刻體會到 OKR 潛在的莫大力量，也察覺到 OKR 原則對他的工作至關重要，但當時的他不曉得怎麼證實這點。不久後，他就會懂得箇中門道。

有一家公司請班協助處理某件 KPI（Key Performance Indicators，即「關鍵績效指標」）專案。他接下任務，熱切等該公司執行長提供策略文件，但到手的文件讓班大感吃不消。一疊疊策略投影片和文件中，雖然塞滿想法和良善意圖，不過素材混雜了一堆令人費解的關鍵支柱（即公司優先事項）、核心價值觀、業務指標。

班花了很大的工夫處理這件專案，但卻困難重重，直到他跟執行長、財務長開會前夕回旅館房間休息時，才頓時想起沃克的建言。於是，班謹記沃克的建言，把一堆策略文件濃縮成一頁，將關鍵支柱轉化成目標，在各項目標下擬定關鍵成果。

隔天，他採用有條不紊的 OKR 原則，表達出他對該公司策略的理解。他說明概要之後，那些高階主管默不作聲，說要私下談一會。班離開會議室時，還以為自己誤解該公司的策略，很快就會被送到機場，搭下一班飛機回家。他在走廊待了兩分鐘，卻感覺有如兩小時。不過，他被請回會議室時，看見執行

長臉上露出笑容，頓時鬆了一口氣。執行長說：「希望你來幫我們公司各事業單位和部門製作這類文件！」

班協助該公司將近五十個團隊草擬 OKR，以及將內容修改得更完善，之後還親眼目睹他們運用此法獲得成功。於是，班知道自己終於找到天職了。我們花費無數時間，輔導諸多團隊和經理，才終於擁有今日成就。

OKR，簡單強大的管理法 —— 保羅

保羅從事績效評量和策略執行領域已將近二十年，他在與某家想改善績效的公司交流時，從中學到 OKR 的概念。保羅面對的公司屬於快速變遷產業，機敏的競爭對手快速崛起，顧客想獲得更好的服務又不想多花錢。於是，全新策略就此擬定，只要有效實踐，公司上下就能提升策略技能，整頓關鍵業務流程，為顧客創造價值，最後財務成果就會有所突破。可是，他們能不能讓這件事成真呢？

執行的關鍵在於找出必須採行哪些措施，才能擔起責任，達成各項策略。這些都需要時間，但只要著眼於一套核心的衡量指標並從中學習，應用策略，那麼公司對顧客、對員工、對股東許下的承諾，最後都能落實。

保羅真正有所「頓悟」，是在研擬及運用策略評量之前和之後進行的員工問卷調查。以前只有少部分員工表示了解公司策略，也懂得如何有所貢獻。然而運用策略評量後，這類員工

的人數激增至將近五倍，也就是絕大多數員工都懂了。保羅跟班一樣，看見運用策略評量的價值所在，於是開始著手協助企業善用那股力量。

有些讀者可能對保羅十分熟悉，讀過他以平衡計分卡為主題撰寫的文章和出版品。平衡計分卡是很普及的原則，能運用財務、顧客、內部流程、學習與成長這四種獨特又相關的績效層面，把策略化為目標、措施、標的、初步策略計畫。全球各地眾多組織機構皆採納該原則，成效雖無庸置疑，但許多公司在實踐計分卡模式、充分發揮其益處時，卻仍十分辛苦。那些公司認為其中一大問題是計分卡模式愈趨複雜化。

計分卡自 1990 年代初期創立後，分類系統就隨著時間擴大不少。這種組織機構策略評量法原本很容易應用，但許多專家在愈趨難懂的圖表加上一些層級，有如多了移動式零件，結果導致許多公司雖然認為平衡計分卡有很多好處，卻太過繁雜，無法推行到整個公司。公司裡的團隊渴望採用簡單強大的方法，確保自己的工作能著眼於最重要的事務，有利執行公司策略。而現在正是 OKR 上場的時候。

當時，保羅正在尋找「更輕巧」的系統，好讓想充分汲取策略價值的客戶仍可以獲得想要的實質益處。保羅在尋找的過程中，發現了 OKR，不久就獲知班在 OKR 領域的工作。他們見面後，親近起來，因為兩人都想改善公司績效，也都認為OKR 看似簡單，但凡是想改善重心、推動契合度、增進投入度

的公司，都能獲得莫大的價值。2015 年，保羅和班開始攜手幫助客戶。

本書是執行 OKR 的最佳工具

本書共有七章，前六章大多按時間順序帶領讀者實踐 OKR，最後一章是舉例分享目前執行 OKR 從中獲益的全球化機構。

開頭第 1 章講述 OKR 的歷史，接著列出目標與關鍵成果的定義和例子。現代企業面臨重重嚴峻挑戰，OKR 正適合用來幫助克服種種挑戰。第 1 章探討的是一些更為迫切的主題，結尾概述 OKR 具備的許多好處。

實踐 OKR 之前，務必先確認貴單位已準備好踏上前方旅程。第 2 章探討如何為 OKR 的創立與應用做好準備。第一個提出的問題是：「為何需要 OKR ？」此外，還討論「高階主管的支持」此一重要主題，講述獲得支持的方法。關於在何處研擬 OKR，也列出考量因素，還制定研擬 OKR 的全方位計畫。第 2 章結尾利用使命、願景、策略來確立 OKR 的策略環境。

要讓 OKR 帶來益處，就必須用心制定，使其具備一些關鍵特性。第 3 章概述創立有效 OKR 的方法。先說明關鍵成果的類型，再討論健全度指標與 OKR 評分法。第 3 章結尾檢討創立

OKR 採用的 CRAFT 流程，就是指 create（創立）、refine（改進）、align（契合）、finalize（定稿）、transmit（傳達）。

　　整個機構上下都必須創立 OKR，才能增進投入度、責任心、專注力。我們稱之為「連結 OKR」，這也是第 4 章的主題。第 4 章探討企業可採取哪些流程與訣竅，以利進行 OKR 的縱向連結與橫向連結。

　　要從 OKR 獲得最大價值，就要在各週期的期間與結束時，經常密切留意 OKR。第 5 章探討的是 OKR 檢討週期，以及軟體如何促成 OKR 的成功。OKR 檢討週期含有三大機制，這也正是本章所討論的：週一會議、季中查核、季度檢討。第 5 章後半部探討實踐及管理 OKR 時，使用軟體的情況。

　　為確保 OKR 長久成功，OKR 必須深植於企業文化。第 6 章探討的是 OKR 的永續之道。很多公司會以為 OKR 算是「專案」，但這是錯誤的觀念。本章一開始就說明 OKR 何以應視為持續不斷的過程。運用 OKR 的公司都必須決定要不要把 OKR 連結到績效考核或獎酬。第 6 章詳細探討這些潛在的關連，列出優缺點與建議，結尾羅列創立 OKR 前中後期應考量的十大問題，並分析方法，還有要不要請顧問協助實踐 OKR。

　　第 7 章闡述六家目前應用 OKR 且獲益良多的全球化企業的故事。列舉的公司有：Zalando、Flipkart、Sears Holdings（西爾斯控股）、TaxSlayer、GoNoodle、CareerBuilder。這些傑出又創新的企業提出的意見，你肯定會喜歡並可從中學習。

公司無論處於 OKR 哪個研擬階段，都能從本書建言獲益良多。為 OKR 付出心力的公司當然能從精細的工具與技巧中獲得好處，順利完成管理系統的初步設計，進而創立出穩健的管理系統。目前採用 OKR 的企業複習了書裡的主題後，也能從中獲益。書中記述的流程和實踐情況可用於檢查或稽核企業採取的方案，確保方案的運作達到成效高峰。至於目前運用另一種策略管理系統的企業，在此邀請貴單位考量 OKR 的諸多優點。

無論你處於 OKR 旅程的哪個位置，在此感謝你接納我們成為你的嚮導。

第 1 章

科學化管理的 OKR 模式

21 世紀，首選的目標管理工具

我們很迷 BBC 電視節目《關連》（*Connections*），該節目於 1978 年首播，並於 1994 年和 1997 年重播。該節目講述重大發現、科學突破和歷史事件如何「以互有連結的方式接續，促成彼此的發展，實現特定層面的現代科技。」[1]該節目明確表示，幾乎每一樣事物背後都有其悠久又有意思的歷史。OKR 也是如此。

多數人認為 OKR 模式源於 1990 年代谷歌採納的模式，還以為這是相當新的模式，其實 OKR 模式是接連的原則、做法、原理造就而成，源頭可追溯至一百年前。20 世紀初，很多組織機構都迷上腓德烈・溫斯羅・泰勒（Frederick Winslow Taylor）的理論，他在新興的科學化管理領域蔚為先驅，率先於管理領域應用嚴謹的科學方法，證明這樣可大幅提高效率與生產力。

另一條發展線是研究人員在 1920 年代發現日後所稱的「霍桑效應」（Hawthorne Effect）。調查員在芝加哥城外的霍桑工廠（Hawthorne Works）研究照明對員工績效造成的影響，研究顯示，照明增加，生產力隨之改善。不過後來經過判定，生產力改善很可能是員工獲得關注、動機提高所致。從前述的發展和其他諸多進展，大家得以更了解公司如何監控零散活動，藉此增加生產力，但絕大多數情況，員工本身是後來才加上的因

素。然而，彼得‧杜拉克（Peter Drucker）出版著作後，一切都變了。

大部分的人——連我們自己在內——都認為彼得‧杜拉克是管理思維之父，杜拉克制定管理學標準，更奠定現代商業公司的理論根基。他超過三十本的著作中，有多本更是商管領域的經典之作。

1954 年出版的《彼得‧杜拉克的管理聖經》（*The Practice of Management*），對想了解 OKR 的人尤其重要，杜拉克在書中說了三位石匠的故事，有人分別去問他們在做什麼？第一位石匠說：「我在賺錢過活。」第二位邊搥打石頭邊回答：「我做的是全國最棒的石匠工作。」最後，第三位很有信心地說：「我在蓋教堂。」[2]

第三位石匠顯然跟有抱負的整體願景有所連結，第一位幾乎只著眼收多少錢做多少事。杜拉克主要關注的重點是第二位，該名石匠著眼於實用的專業技能，而在此例中就是成為全國最好的石匠。卓越的技藝當然值得尊敬，在事項的執行上向來也是重要環節，但卓越的技藝必須跟企業整體目標相關連才行。

在許多情況下，現代的經理在評鑑績效時，並非依據對公司的付出程度，而是他們自己對事業成就的標準，這是杜拉克害怕的現象。他寫道：「現在正進行中的科技變革使這種現象的危險度大幅增加。在工商企業裡工作且受過高等教育的專家人數必定會大幅增加……專家必須更密切合作，才能促成新科

技的興起。」[3] 杜拉克竟然在 1954 年就寫出這段先見之言！他向來有先見之明，不僅體認專業職務的激增現象會是現代公司的特徵，也立刻察覺這些專家要是著眼於個人成就，不顧企業目標，那麼這樣的變化就會帶來危險。

杜拉克提出「目標管理法」（Management By Objectives, MBO）這套系統來因應此難關，採用下列原則：

> 每位經理人，上至「大老闆」、下至領班或文書組長，都需要明確清楚的目標。這類目標應制定人員所屬管理單位需達到多高的績效，還應制定人員及其所屬單位需付出多少來協助其他單位達到目標。最後，還應表明經理可期待其他單位付出多少來達到經理的目標。這類目標應一律出自於企業目的。[4]

這段話是他在 1950 年代寫的。他繼續表明目標是短期動機與長期動機的關鍵環節，也認為目標涵蓋有形的企業目的與無形的企業目標，例如企業發展、勞工績效、態度、公共責任。最後一點再度展現杜拉克的先見之明，還要再過 40 年，無形的「資產」才正式納入公司績效管理系統（平衡計分卡）。

杜拉克多少算是知名的管理大師，他說的話對美國公司的董事會議室有舉足輕重的影響力，因此高階主管對他的看法會產生共鳴，從而爭相在公司內建立 MBO 系統。可惜，不管是

哪種類型的經理層級或公司層級變革手法,往往實踐形式有很大的差異,通常會跟杜拉克的 MBO 模式原意相差甚遠。急於獲取 MBO 好處的公司會犯的最大錯誤,或許就是把原本設想為高度參與的活動,扭轉成由上而下的官僚做法,資深經理把目標強塞給員工,不太考量員工究竟要如何執行。

儘管五十年前的企業就面臨巨大壓力,不得不快速因應多變的市場環境,但是許多經理人仍把 MBO 模式變成靜態做法,往往以一年為期來設立目標,從而損及 MBO 模式的完整性。不過,說到設立目標,公司多半不會採用更頻繁的步調,反而選擇「設立完就忘掉」的模式,至今仍有許多公司採用這種模式。

杜拉克期望公司運用 MBO 促進跨部門的合作,推動個人創新,確保全體員工的目光專注於整體目標。實務上,前述情況少之又少,最後 MBO 飽受批評。然而,有商業頭腦的人看見杜拉克話語具備的潛在力量,體認到 MBO 流程與生俱來的價值。現在正是安迪·葛洛夫(Andy Grove)上場的時候。

安迪·葛洛夫是矽谷的傳奇人物,1987 年至 1998 年間擔任英特爾公司執行長,帶領公司度過重大轉型,從記憶體晶片製造商轉型成全球第一的微處理器供應商。他是精明的商學生,體認到 MBO 系統具備的潛在力量,管理英特爾時更把該系統當成關鍵環節。然而,葛洛夫對 MBO 模式做了若干修改,成為多數人今日認識的原則。

在他看來，成功的 MBO 系統必須回答兩大問題，第一個是：「我想要前往何處？」亦即目標；第二個是：「該如何調整步伐，確認自己是否即將抵達目的地？」[5] 第二個問題看似簡單，在展開 OKR 行動時卻是一項創舉，也就是要把「關鍵成果」連結到目標上。

葛洛夫在應用 OKR 時，依循的準則之一就是提升專注度。正如他所言：

> 這點就跟別的一樣，我們因無法回絕而成了受害者。在此例中，就是指目標太多，我們回絕不了。我們必須體認到，要是設法每件事都專注，就等於什麼事都專注不了。此外，體認到這點後還要付諸行動。嚴格挑選幾項目標，就等於是明確傳達出我們會答應哪些事，回絕哪些事。唯有做到這點，MBO 系統才會發揮作用。[6]

然而，葛洛夫並未止步於目標數量的限制，他對杜拉克模式做了幾項重大的修正。

第一，他提議目標與關鍵成果的設立應更為頻繁，建議每季設立，有些情況下應每月設立。原因在於他體認到自己所在產業步調快速，同時也表明公司文化務必要能採納立即提出的意見。葛洛夫還主張目標與關鍵成果不該視為「法律文件」，

不該把員工綁在他們提出的目標上,員工的績效考核也不該只以員工的成果為依據。葛洛夫認為,OKR 應該只是公司判定員工成效的標準之一。

葛洛夫之所以能在英特爾成功應用 OKR,另一項重要因素是他確保 OKR 的創立是由上到下、由下到上的參與。如前文所述,杜拉克實施 MBO 模式,是採用由上到下、由下到上的參與機制,但許多公司固守階級心態,拋棄這種參與機制。葛洛夫卻不是如此,他憑直覺就知道,唯有員工參與,才可增進自制與動機。

最後,葛洛夫了解到 OKR 模式務必要採用拓展概念才行。他表示:

> 若拓展需求不是自然而生,那麼管理階層打造出的環境就必須能促進拓展需求的發生。比如在 MBO 系統中,應設立夠高的目標,讓個人(或組織)就算全力以赴,但達到目標的機會只有五成。雖然這番努力有半數會以失敗告終,但只要大家都努力去追求自身能力所不能及的成就,那麼結果往往會超乎預期。如果你希望自己和部屬都達到績效顛峰,那麼設立目標就是至關重要之事。[7]

行文至此,距離今日所見的谷歌和 OKR 的蓬勃現況只差

一步之遙，而約翰·杜爾（John Doerr）正是這當中的橋梁。今日的杜爾是頗受敬重的矽谷創投公司凱鵬華盈公司（Kleiner Perkins Caufield and Byers）合夥人，剛開始他任職於英特爾公司，接著熱切沉浸在安迪·葛洛夫樂於自願提供的許多管理課程裡，其中一門管理課程自然是目標與關鍵成果。杜爾體認到MBO 模式的價值與潛力，至今仍繼續不吝與企業家分享所知。

杜爾早期門下的學生有賴利·佩吉（Larry Page）和賽吉·布林（Sergey Brin），他們是谷歌創辦人。約翰·杜爾描述當時谷歌採用 OKR 的情況：

> 我們投資谷歌不久後，就在大學路（University Avenue）某家冰淇淋店樓上的乒乓球桌旁，開了好幾次的董事會。接著，賴利召開全員大會，因為我向他簡報了 OKR……當初簡報的投影片我還留著呢……賴利和賽吉很聰明，很積極，很有抱負，他們想要的不只是打造月球探測器，更要發射它們。於是谷歌採用OKR 系統，當時大概只有三十個人吧！
>
> 到了如今，我認為 OKR 已是谷歌公司文化的一部分，是 DNA 的一部分，是語言的一部分，是你實際會用的詞彙。賴利為了自己、為了公司而採用OKR，它成為一種用以培養人們能力的工具。大家都認為 OKR 的重點在於責任，而 OKR 確實也創造出責

任這項副產品。其實，OKR 是用來創立組織裡的社會
契約，用以表示我會簽約去做這件很棒的事。[8]

OKR 模式始於樸素的開端，始於冰淇淋店樓上的董事會，
但在如今的谷歌公司，OKR 模式已成為首選的績效管理工具。

今日的我們住在谷歌宇宙裡。至於這隻巨獸在商業時代思
潮中的地位，嗯，舉個例子吧，在亞馬遜網路書店（Amazon）
輸入「Google」（僅限在書籍分類中），就會獲得 17,882 筆的
搜尋結果（此為 2016 年 3 月的數據）。假如有人要寫一本書，
講述谷歌多常更換洗手間的擦手紙，那本書很可能躍升至排行
榜第一名。

谷歌在流行文化的地位很高，因此你或許會以為谷歌一採
用 OKR 方案，OKR 就立刻開始取得優勢。實則不然，一直要
到 2013 年，谷歌創投（Google Ventures）合夥人瑞克‧克勞
（Rick Klau）發表影片後，OKR 模式與運動才真正開始獲得勢
不可擋的動力。[9] 如今，克勞的影片觀看次數已超過三十萬次，
雖然數字看來不是很高（畢竟小貓睡覺的影片輕鬆就能吸引數
百萬的觀看次數），但這部方案影片的長度將近一個半小時，
所以也稱得上頗有成就。OKR 就是認真的投入，許多企業都願
意認真投入，效法谷歌的績效典範。

時至今日，世界各地有成千上萬的企業採用 OKR。大家往
往以為 OKR 活動的核心是矽谷，有領英、推特、Zynga 等一流

公司熱切支持 OKR 原則，可是 OKR 其實獲得全球各地大小企業採納。前文說明的正是 OKR 時至今日的情況。我們期待各位的公司對 OKR 的下個研擬階段有所貢獻。

如何定義 OKR 模式？

我們的定義如下：

> OKR 是一種思辨原則，是一種長久準則，為的是確保員工共同合作，集中努力的方向，以期做出可量測的貢獻，推動公司往前邁進。

短時間內應該不會有人把以上文句印在 T 恤上。不過，務必要具體定義 OKR 模式，這樣當你開始應用 OKR，當你把 OKR 傳達給團隊，大家對於你口中所稱的「OKR」就會有共通的理解。組織實行任何一種變革方案，都會冒出一大問題，那就是詞彙，更精確而言，就是使用的詞彙不夠具體。

要是用詞令人費解，員工可能會接收到混雜的訊息，導致公司獲得的成果不如預期。由此可見，OKR 的措辭和概念務必要使用一致的定義，建議採用本書概述的內容。然而，無論你如何稱呼那概念，其實終究無關緊要，記住莎士比亞的忠告：

「名字有何意義？我們稱之為玫瑰的，換成別的名字，仍舊一樣芬芳。」關鍵在整個公司上下都要使用你選擇的措辭，要保持堅定又一致，確保大家對這點有真正的共識，而且措辭與概念要明確傳達給全體股東。

如果期望大家理解並接受 OKR 或新的初步計畫，並有能力獲致成果，那麼大家就必須按照同一套劇本做事才行。回到我們的定義上，將其分成幾個更合理的小解釋：

- **思辨原則**：落實 OKR 是為了提高績效，但光憑監督每季成果，無法提高績效。我們在前頭的歷史課介紹了彼得·杜拉克的著作，他寫出許多金玉良言，我們很喜歡這句：「最嚴重的錯誤不是錯誤的答案所致。真正的危險來自於問錯問題。」[10] 檢驗 OKR 成果的難處在於要超乎數據，要有如商業界的人類學家，深入挖掘數據對你說的話，這樣就能挖出一些刺激的問題，有助於日後的突破。只要秉持有條不紊的嚴謹態度去實踐 OKR，就能增進 OKR 模式的思辯能力。

- **長久的準則**：OKR 就是一種投入，是投入時間與心力。設立目標時，採用「設立完就忘掉」的做法十分危險，前文已提醒過了。為確保你從 OKR 獲益，你必須投入其中，實際採用 OKR 模式（聽起來像是常識吧）。也就是說，必須每季 —— 或依你選擇的頻率 —— 改進 OKR，詳

細檢討成果，然後依據成果，視情況修改長久的策略與商業模式。

- **確保員工共同合作**：對於跨部門的合作及團隊在創造公司成就時所具備的價值，前文已提及其重要性。OKR 的結構和應用都必須能大幅促進合作與契合度，要做到這點的方法之一是廣泛落實 OKR 固有的透明化，如此一來，從上到下，人人都能認清整個公司的目標與關鍵成果。

- **集中努力的方向**：OKR 並不是也永遠不該是那種列出待辦事項的主要檢核表。OKR 模式的宗旨是找出最重大的業務目標，經由量化的關鍵成果來判定責任。策略評論員老愛說，在策略方面，不該做的事就跟該做的事一樣重要。OKR 也是同樣的道理，你必須懂得判斷哪些事是重要事項。

- **做出可量測的貢獻**：等一下就會解釋，關鍵成果在本質上通常是（也幾乎完全是）量化的。我們想盡量避免流於主觀，要依據 OKR 的達成狀況，精準記錄業務進展。

- **推動公司往前邁進**：要判斷成功與否，最根本的判斷因素是目標達成狀況。只要依循本書提出的建言，OKR 肯定能為你照亮前路。

現在你可以根據前述六點製作六件 T 恤了！前文已充分剖析方法，現在來看看目標與關鍵成果的構成要素吧！

目標 —— 想做什麼？

目標是精確的宣言，概述宏大的品質化目的，以推動公司朝想要的方向邁進。基本上，目標探問的是：「我們想要做什麼？」用字精準的目標是有時限的（亦即一季可完成的事項），應該要能激發、描繪出團隊共同想像的前景。

例如，我們正為本書製作一系列輔助教材，本季的目標之一是：「設計矚目的網站，吸引大家關注 OKR。」此目標具備下列特性：精確（只有兩句話）；品質化（此處不採用數字，數字屬於關鍵成果的範疇）；有時限（我們相信自己本季就能設計出來）；鼓舞士氣（能發揮創意，製作的網站實用又好看，實在令人振奮）。

關鍵成果 —— 如何知道是否達成目標？

關鍵成果是一種量化的宣言，用以量測目標的達成狀況。如果目標是問：「我們想要做什麼？」那關鍵成果就是問：「我們如何才能知道自己是否達成目標？」就前文的定義而言，**量化**這個用詞或許會引起爭論，有些人認為若用關鍵成果來量測達成狀況，那麼其本質上就是量化。有道理，但我們寧可流於提供太多資訊，確保你體認到「用數字表達關鍵成果」

至關重要。

關鍵成果的難處和最終價值在迫使你把目標中含糊不清的用字加以量化。就拿我們的目標「設計矚目的網站，吸引大家關注 OKR。」當例子，我們正在努力表明「矚目」與「吸引」的意思。你在自己創立的關鍵成果上也會發現，**矚目**、**吸引**這類用詞很難轉化成數字，因此你必須決定這類用詞在你身處的獨特商業環境下，所具有的明確含意。以下列出我們設立的關鍵成果（目標多半含有二到五項關鍵成果，後文會再詳述）。

- 20％訪客會在 1 週內回訪網站。
- 10％訪客會詢問我們的培訓服務和顧問服務。

設立關鍵成果時，要懂得保持微妙的平衡。一方面，關鍵成果要設得夠難，不得不耗費大量心力才能達成；另一方面，又不能難到看起來無法達成，免得團隊士氣低落。圖表 1.1、1.2、1.3 有更多例子，呈現出公司、團隊、個人這三個層級的目標與關鍵成果。

以上就是我們目前對 OKR 機制的說明。你可能會心想：「嗯，好像相當簡單，真的還要讀這本書其他的內容嗎？」答案是肯定的，你當然要讀了。

看似簡單的原則其實多半只是「表面上」簡單罷了。因為基本準則大家馬上就懂了，所以往往不願為了 OKR 模式的開始

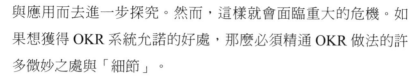

與應用而去進一步探究。然而，這樣就會面臨重大的危機。如果想獲得 OKR 系統允諾的好處，那麼必須精通 OKR 做法的許多微妙之處與「細節」。

在此列出簡短的考量因素作為例子（後文會涵蓋以下所有主題和其他主題）：在何處創立 OKR（是公司層級還是事業單位層級）；誰會支持實踐 OKR；從可用的關鍵成果類型中做出選擇；調整 OKR 以契合你的策略和願景；讓不同部門的團隊團結一心；報告成果，藉此快速獲得意見並從中學習；還有其他諸多因素。所以，請你繫上安全帶，跟我們一起踏上旅程吧！在此向你保證，我們會盡可能讓這段旅程一路順風。

解決難題的好工具

撰寫本書的過程中，我們進行了廣泛研究，主要是針對大量閱讀，比如閱讀書籍、白皮書、文章、部落格文章等。雖然內容視主題各有不同，但幾乎所有內容都有個共通點，就是開頭第一句或第二句話千篇一律講著我們居處在最多變的時代。我們的公司思維根基受到挑戰，我們不得不迅速擴展知識範疇，得一直比緊追在背後的那頭變化怪獸早一步才行。本書想採取有點不一樣的做法，在我們一起踏上旅程時，先讓你有稍微深呼吸的餘裕，畢竟在某些方面而言，經濟生活其實沒以前

圖表 1.1　公司層級 OKR 範例

某教育軟體公司的目標對象是學生和教師，其採用的 OKR 具有三項目標，各項目標底下有二至三個關鍵成果。

目標
- 達到第一季財務目標。

關鍵成果
- 第一季營收額 7.5 億美元。
- 第一季淨收入 1.5 億美元。

目標
- 對全球各地教師帶來可量測的影響。

關鍵成果
- 第一季結束時，參與活動的教師使用者每月達 100 萬人。
- 第一季，北美以外地區的教師使用者增加 2 萬人。
- 第一季最後一個月，教師淨推薦分數*增加到 50 分。

目標
- 有效擴展企業經營規模。

關鍵成果
- 第一季每位員工營收額增加到 25 萬美元（去年是 21.5 萬美元）。
- 第一季受聘員工有 50% 是員工推薦。

圖表 1.2　團隊層級 OKR 範例

以下列出三個團隊的 OKR 範例。

使用者成長團隊 OKR

目標
- 增加教師軟體安裝量並支援日本的首次推出。

關鍵成果
- 第一季參與活動的新教師使用者每月增加 50 萬人。
- 第一季教師使用者留用率從 91％增加至 95％。
- 第一季結束時,有 100 名參與活動的日本教師使用者註冊。

行銷團隊 OKR

目標
- 履行優良學區潛在客戶的成本效益。

關鍵成果
- 報告基準指標,反映出行銷活動費用超過 1 萬美元的 10 個學區的投資報酬率。
- 第一季每位潛在客戶的整體行銷費用低於 65 美元。
- 第一季產生的潛在客戶有 5％在建立後的 4 週內變成付款的顧客。

顧客支援團隊 OKR

目標
- 量測並改善教師滿意度。

關鍵成果
- 根據第一季 1,000 份或更多有效問卷調查,呈報基準教師滿意度。
- 2017 年 3 月,個案成交時間從目前平均 400 分鐘減少到 300 分鐘。

圖表 1.3 個人層級 OKR 範例

以下列出三個團隊的個人 OKR 範例。

新業務員 OKR

目標
- 在業務流程中打造及鞏固最初管道。

關鍵成果
- 不用對潛在顧客提供售前支援，就能提出 5 個樣本。
- 向 25 位潛在顧客撥打最初銷售電話並記錄成果。
- 管道增加 50 萬美元，並有可能在 2017 年成交。

行銷分析師 OKR

目標
- 進入部落格和登陸頁的潛在客戶之生成率獲得改善。

關鍵成果
- 因部落格張貼新內容而進入部落格的新潛在客戶達到 10 位。
- 5 頁的新登陸頁之轉換率達 8% 或更高。
- 根據對比測試結果，10 頁既有登陸頁的轉換率至少有 2% 的提升。

產品設計師 OKR

目標
- 核心產品的使用者介面要改得更簡單，教師更容易使用。

關鍵成果
- 取得基準，用以呈報及查看教師使用者對系統既有功能提出要求的數量趨勢。
- 教師對產品易用度的滿意評分增加到 9.0 分（去年是 8.5 分）。

那樣混亂不安，起碼已開發世界是這樣。

以美國為例，國內生產毛額（GDP）的成長波動幅度從 1946 年至 1968 年間的 3％，降低到 1985 年至 2006 年的 1.2％。在這段期間，通貨膨脹與公司利潤成長的波動幅度也同樣降低了。[11] 今日的科技奇觀讓人目眩神迷，但帶來的顛覆其實不如當時鐵路、電話、汽車、大量生產或無線電的興起。

因此，我們全都能稍微鬆口氣，畢竟地球仍需 24 小時才能轉完一整圈。不過，在此要透露一個壞消息，講得更貼切點是現實，而你要是懂得把握也算是個良機。現實是公司內部與整個產業的變化步調正在加速前進，我們敢說快速變化的步調堪稱前所未有。這類例子多不勝數，就以智慧型手機採用率為例。

2007 年 6 月，首款觸控螢幕手機 iPhone 上市販售，不久採 Android 作業系統的手機登場。智慧型手機的市場滲透率從 10％激增到 40％，成長速度超過史上任何消費型科技產品。[12] 而且也要謝謝智慧型手機，這是什麼意思？嗯，我們要是不能每 4.3 分鐘看一下手機，那還能做什麼？沒錯，我們 —— 所謂的我們就是指全體的我們，是保羅、是班、是你、是地球上的每

---

* Net Promoter Score（NPS）：一種客戶忠誠度分析的指標，計量客戶將會向其他人推薦企業或服務的可能性。問卷設計是將客戶願意推薦的程度分為 0 至 10 分，評分 9 至 10 分代表推薦者（具狂熱忠誠度，會繼續購買並推薦給他人）、7 至 8 分代表被動者（整體滿意，也會考慮其他競爭對手的產品）、0 至 6 分代表批評者（不滿意，或沒有忠誠度），推薦者人數比例減去批評者人數比例即為淨推薦分數。

一個人——平均一天要看手機 221 次。

首先看看現代企業面臨的關鍵挑戰。有些主題你可能覺得很熟悉，有些是最新近的研究與組織思維。每個主題各有其重要性，儘管快速變遷的全球商業市場在你前方擺設路障，但只要實踐 OKR，肯定就能克服所有潛在阻礙，踏上蓬勃發展的康莊大道。

根除執行策略的迷思

根據最近一項問卷調查顯示，有四百多位全球領袖認為，在亞洲、歐洲、與美國，企業領導者面臨的首要挑戰是卓越的執行。這份問卷列有創新、地緣政治不穩、營收成長（稍後會討論）等約八十個選項，執行獲選為第一名。[13] 如前文所述，這是最近的問卷調查，但結果並不令人訝異，也不新奇，畢竟多年以來，「執行」向來是高階主管的關注重點，主要也是因為全球各地的執行率低得令人氣餒。估計的數值各有不同，但大部分的成功執行率頂多落在 25％至 35％之間，不太樂觀的評論員更提出低得嚇人的 10％。

公司耗費成千上萬個小時仔細制定策略計畫，覺得它們有助於超越競爭對手，化為行動後的回報肯定豐碩得令人羨慕。根據研究顯示，一般公司的策略實踐品質若提高 35％，股東價值也會隨之增加 30％。[14] 這道「執行」彩虹橋的末端藏有可觀的寶藏，公司自然會把注意力放在那裡，而絕大多數的公司在

執行狀況不佳時，就會感受到代價高昂又刺痛的挫折感。

為什麼執行在實務上會這麼困難呢？研究員與作家唐諾‧索爾（Donald Sull）、蕾貝卡‧霍克斯（Rebecca Homkes）、查爾斯‧索爾（Charles Sull）提出五大執行迷思，有助於清楚闡述這項主題：

- **迷思一　執行等於契合**：商業意識型態中，有個幾乎無懈可擊的真理，就是產生契合度以後帶來的價值，契合度說得更白話點，就是讓船上的每個人都往同個方向划。這個經由共通的目標打造契合度的概念，已有多位可敬的思想者（請參閱前文提及的彼得‧杜拉克的著作）和公司鉅子倡導數十年之久。契合度無疑是個有價值的目標，但問題往往在於公司要怎麼著手打造契合度。

  對許多公司而言，打造的過程雖立意良善，卻隨即退化成由上到下的實行，資深高階主管提出幾項看似重要的目標，強加於公司，甚少考慮員工要怎麼落實。在這種情況下，執行成效不彰，因為個別事業單位與部門所設立的目標是契合上層的高標準目標，卻沒考量到公司的其他團體。今日，大部分工作本質上是跨部門的（稍後會討論），而強迫實行的階級作風往往遮掩了這個事實，如此閉門造車完全是為了他們自己的最佳利益。

- **迷思二　執行就是遵守計畫**：前任世界重量級拳王泰森

（Mike Tyson）說的話或許最恰當，他在面對對手時，就對手的策略說出這句金玉良言：「嘴巴還沒被拳頭擊中時，人人都有一套計畫。」[15] 這句話展現出最有力的訊息：「策略計畫碰到現實世界，碰到你的事業，不一定能存活下來。」大部分公司的典型策略規畫流程，有部分是要創立出一套初步策略計畫以確保策略成功。初步計畫必須配置人力資源與財務資源，一旦這些資源到位，公司通常不願以任何方式更改資源配置。

為求執行策略，公司的做法必須要靈活，要時常意識到環境中的變化，據此針對策略做出有時細膩、有時籠統的修改。這也意謂著要懂得彈性調整人力與財務資源，好利用萌芽的機會。要是懷有固著心態、不願更改計畫，就會在執行層面付出沉痛的代價。

- **迷思三　溝通等於理解**：今日大家都能輕鬆運用簡單又經濟實惠的電子通訊方式，就連規模非常小的公司也能在自家員工身上濫用電子通訊，而且確實也這麼做了！實際上，大多數公司的資深領導者不只透過電子方式溝通，還會花大把時間面對面傳達策略指令。可惜，那樣傳達的訊息很少能深入人心。有項研究調查了全球各地 250 家公司的經理人，發現只有半數能說出自家公司最重要的目標。[16] 這數據看起來少得叫人士氣低落，但根據其他研究顯示，能辨別出公司優先事項的人更少，七人之中只有一

人能說出自家公司最重要的目標之一，不到 15%。[17]

　　雖然有許多可能的因素會造成這種缺乏理解的情況，但其中一項是我們經常目睹的，就是公司傾向把員工淹沒在術語中。公司往往會有核心價值觀、策略優先事項、使命宣言、願景宣言、行為準則、核心能力等十幾種潛在用詞可供有趣的流行語賓果遊戲使用。員工自然會心生困惑，不知道哪些事項至關重要又真正需要關注，於是就什麼事都不太留意了！

- **迷思四　績效文化推動執行**：如果請高階主管描述今日所屬產業的競爭狀況，他們多半會用激烈、強烈、嚴酷等形容詞。由於幾乎沒有犯錯餘地，因此在設法跟競爭對手有所區別時，不斷往績效文化邁進似乎是很有道理的做法。但在某些情況下，績效變成一項很了不起的優點，任何形式的失敗簡直就跟詛咒一樣，不論要付出哪種代價、多大的代價，都要避免失敗。「錯誤」和過失就此遭到掩蓋，成員熱切踢起皮球，怪罪他人，不久公司就落後了。

　　說到文化的塑造，我們必須謹守平衡，這點與大多數的事情一樣。雖然績效確實重要，但要是還能重視靈活度、團隊精神、合作、算計過的冒險行為，那麼公司也會有很好的表現。要推動執行，就要坦率討論所謂的失敗，而失敗其實是數據點，可供研究、學習、日後改善之用。

- **迷思五　應該從上到下推動執行**：我們全都明白，有遠見

的執行長可憑藉意志力和卓越的才能，帶領公司度過最危機重重的旅程。不過，這種執行長其實少之又少，與其說實際存在，不如說是幻想的迷思。在實務上，把獨有的執行權力全都交給執行長，很可能導致績效不彰，原因就出在於決策緩慢，關鍵機會出現時可能會錯過良機，而雞毛蒜皮的衝突愈來愈多，執行時間本來就不多了，還要費時處理衝突。執行的責任必須分配給企業上下，要做到這點當然就得徹底克服前述四大迷思造成的阻礙。

因應現實調整組織結構

大家都知道全球勞動人口結構起了大幅變化，同時走向年輕化和老化兩個極端，也更多樣化。如今，千禧世代（即 1980 年代初期至 2010 年代初期出生的世代）已占勞動人口半數，且占比正快速增加。千禧世代對職業的期望已有翔實的記載，例如：工作環境要能持續學習，工作經驗要有意義、要有使命感，職涯之路要活躍、要有益。

年齡光譜的另一端是嬰兒潮，那個世代原先陣容龐大，如今人數日益減少，但仍保有莫大的組織知識與能力。他們有許多人到了七十多歲甚至八十幾歲還在工作，而此時年輕同仁則是擔任導師、教練、部屬等新職務，嬰兒潮不得不面對這當中的挑戰。最後，有鑑於現代企業的全球化，勞動人口在性別與文化上呈現更多樣化的趨勢。

前述因素加上其他數不清的影響力，對領導者形成了挑戰，許多公司因此更改結構，從傳統的階級式部門模式改成作風彈性又互有關連的團隊。勤業眾信（Deloitte）發表的《2016年全球人力資本趨勢報告》（*2016 Human Capital Report*）顯示，92％的受訪者認為公司結構是第一優先事項，將近五成（45％）的受訪者表示他們的公司正在進行組織重整或規畫組織重整。[18]

　　要想像公司正在進行的結構變化，就想想自己最愛的電影，應該會有幫助。幾乎所有電影都出自個人及專家小組，例如編劇、製作人、場景設計、攝影指導、服裝設計等，他們在製作期間合作，電影一完成就繼續接新的案子。公司的情況也十分類似，多個團隊聯合起來，克服特定的商業問題，待難題接連解決，團隊就此解散，成員會重新分派到其他小組。這些團隊接下的挑戰契合公司整體目標，因此就有了執行的緣由。OKR 很適合用在這股日益成長的組織思維趨勢上，所以我們會在好處的部分討論我們的理論基礎。

克服收益持續成長的挑戰

　　美國和世界各地的公司會議室裡，經常反覆提及「不成長就死去」這座右銘。如果請高階主管說出首要優先事項，除了前文記載的執行外，肯定會聽到**成長**一詞從他們熱切的嘴裡冒了出來。實際上，根據估計，超過90％的策略計畫都是在渴求

收益成長。成長的概念之所以十分迷人，不只是因為公司存亡多半有賴於成長，還有大部分高階主管一說到自家公司的成長前景，都是懷以極其樂觀的態度。某項研究訪問 377 位高階主管，他們認為處處有商機，50％覺得「機會很多」的市場是北美，65％認為是歐洲，超過 85％覺得是亞洲。[19]

樂觀當然很好，但一碰到現實往往就痛苦了，想想被拳王泰森一拳擊中的感覺。儘管有許多成長的機會，而且全球各地高階主管都希望能抓住，但少有公司能維持長期（或甚至是中期）的利潤成長。截至 2010 年的 10 年間，某項研究結果顯示，只有 9％的公司達到尚可的成長率（5.5％），同時又能賺回資本成本。而針對這項重要主題所做的另一項研究，也獲得非常一致的研究結果，在將近五千家公司的樣本中，只有 8％能年復一年達到至少 5％收益成長。[20]

到底是什麼因素導致這麼多公司在成長道路上跌跌撞撞？更貼切地說，是什麼因素導致導致公司倒下？前文提過的某一點很有意思，就是成長潛力橫遭阻礙並非缺乏機會使然。實際上，問過高階主管後，發現超過 75％認為影響公司成效的因素如下：複雜度過高（回想我們在執行部分的討論，員工應依循及理解的概念多得難以承受）；公司文化習於規避風險（可能是如前文所述，過度注重績效所致）；難以達到充分的專注力。OKR 可協助你克服前述每一項難題。

戰勝創新的威脅

想要創立新公司嗎？以下列出一些潑冷水的統計數據，或許能澆熄你的熱忱。根據最近的研究顯示，美國新公司的預期壽命是 6 年左右。[21] 因此，你沒有太多時間能產生影響。就算你夠幸運，機率那麼小還能存活下來，光勉強維持生活就已經很困難了，畢竟你很可能常常面臨破壞帶來的威脅。

多數人一想到破壞，很快就會想到 Uber、Airbnb 這類創新公司。然而，嚴格說來，Uber 並非破壞式創新。破壞是指資源少的小玩家成功挑戰既有老企業的一種過程。小玩家能做到這點是因為以遭忽視的地方為目標，提出更合適的功能，而且價格往往更低。老企業通常會忽略小玩家的行動，最後新進公司打入高端市場，提供顧客所需，同時還保有優勢（主要是指低價），從而獲得初期的成功。[22] 嚴格說來，Uber 並非如此，但仍無礙 Uber 永遠改變計程車產業的事實。

Uber 和其他公司採用的變革，若不稱為「破壞」，還可以說是「商業模式創新」，但無論採用何種詞彙，現實還是一樣，有一堆飢餓的 —— 不，應該是餓壞的 —— 公司是你從未聽過的，此時此刻正在策畫偷走你的市場占有率。沒有一種產業能免於這樣的攻擊。

以貨運公司為例，其面臨未曾預料的威脅：3D 列印。愈來愈多製造商可就地印出零件與產品的成品，空運、海運、鐵路運輸量因此銳減。據估計，多達 41％空運業務、37％海運貨櫃

貨件、25％貨車貨件會受 3D 列印影響。[23] 這項威脅無可辯駁，因此公司務必懂得靈活應變，還要有能力根據新資訊快速修改商業模式。同樣的，我們認為 OKR 自然會證明其有助完成前述要務。

提高員工投入度

商界新聞充滿「人才爭奪戰」的故事，公司設法爭取最傑出、最聰明、最投入的員工。要是缺少有技能、有動機的團隊共同邁向整體目標，公司就無法獲得成功，這是很簡單的事實。在前幾句話的所有用詞中，最能引起高階主管關注的是「投入」。說得更直接就是我們目前面臨「投入」危機。

在我們提出冗長的統計數據支持該論點前，先定義「投入」一詞，畢竟大家對什麼是投入、什麼不是投入，仍多所混淆。首先討論什麼不是投入。

投入不等於員工幸福感，也遠大於員工滿意度的範疇。《投入 2.0》（*Engagement 2.0*）作者凱文‧克魯斯（Kevin Kruse）把「投入」一詞定義為員工對公司及其目標之情感投入。[24] 情感上有所投入，就表示投入的員工其實很在乎自己的工作和公司。他們工作並非只為薪水或升職，更是為了達到公司目標，才懷著熱忱在工作。員工在乎時，亦即員工真正投入的時候，就會自主決定要努力付出。

在此，有個我們在客戶公司觀察到的簡單卻明顯的例子。

我們安排要跟南加州某家小型速食連鎖店的執行長開會，地點是連鎖店的其中一家餐廳，我們很早便抵達，那裡的員工並不曉得我們是誰，肯定沒動機要設法讓我們留下好感。我們看到有位員工衝向門口，第一個念頭就是有人沒付錢就溜了。

其實我們想錯了，他在門口附近彎下腰，撿起地板上的紙巾放進垃圾桶，然後回櫃台服務下一位顧客。你可以說他只是在做分內工作，不過，再說一次，沒人在看，他大可把紙巾留在地上不管，但他自主決定離開櫃台，保持餐廳整潔。

可惜，美國與世界各地的投入度數據都十分低迷。根據蓋洛普公司*的報告，全球勞動人口只有 13％是高度投入的員工；在美國約 30％。這種情況要付出實質代價，據估計，因員工投入度低導致生產力損失、曠工等狀況而付出的代價是每年每位員工 1.7 萬美元。1.7 萬美元聽來不多，但若用美國整體勞動人口加以推算將數據放大，每年損失的生產力竟高達 4,500 億至 5,500 億美元左右。

不過，我們認為可能還要付出另一項更高昂的代價，就是無法對執行策略貢獻心力。不投入的員工不願無條件地付出必要的努力以感知新機會、冒計算過的風險、或提出商業模式的創新好幫公司超越競爭對手。

---

* Gallup：以調查為基礎的全球績效管理咨詢公司，最為人所知的業務是與世界各地的組織合作進行各種民意調查。

幸好公司會意識到這場戰役何時是危急關頭，從而付出大量心力，提高員工的投入度。年度員工滿意度與投入度的問卷調查逐漸遭到淘汰，取而代之的是傾聽員工型的工具，例如員工動向問卷調查、匿名社群工具等，而最重要的一項，或許就是經理的定期查核與意見。[25]

雖然我們列出一些重大挑戰，不過幸好如前文所述，OKR有助克服這些阻礙，助你邁向長久的成功。OKR 做法有許多好處，現在來看看其中一些吧！

貫徹 OKR 的好處

近來美國人口普查局經濟研究中心（U.S. Census Bureau's Center for Economic Studies）針對美國 3 萬家企業的研究證實，制定及採用正式評量、還有監測做法都很有幫助。據研究人員表示，採行結構化管理並著眼於績效監測與目標的公司，其財務成果會遠勝未使用前述措施的公司。[26] 由此可見，OKR 計畫一旦到位，財務的成功機率隨之增加。最後獲得的利潤之大，你本人、董事會、統計專家肯定都會高興起來。

接下來要概述的是一些額外卻重要的好處，只要實踐優良的 OKR，就能獲得這些好處。

提升應用度

在我們加州，In-N-Out 這家漢堡店大受歡迎。它的餐點絕對勝過大部分速食，如果你曾嚐過那美妙滋味，現在可能要邊讀邊流口水了。In-N-Out 會有很多瘋狂粉絲的原因之一，是菜單十分簡單，只有漢堡、薯條、奶昔、飲料，就這樣。很多餐廳的菜單都塞滿各種餐點，菜單的字很小，視力要 1.3 才看得清吧！不過，In-N-Out 並非如此。

就把 OKR 看成是「績效管理領域的 In-N-Out」吧！ OKR 原則的一大好處就是它名符其實的簡單，而且一切都從分類開始。基本上就是「目標與關鍵成果」這幾個字。其他績效管理法與策略執行法都淹沒在術語中，於是已被使命、願景、核心價值觀、KPI 包圍的員工可能會更加困惑不已，這點先前討論執行迷思三（即「溝通等於理解」）時就已經提過。

我們的一些客戶在接受簡短入門培訓課程後，就能立刻正確使用措辭，設立有意義的目標與關鍵成果。再次提醒，如前文所述，OKR 模式涵蓋的內容還有很多，我們都會深入講解。但為了讓你的團隊相信並支持這類計畫，就得跨出重要的第一步：精通詞彙。OKR 可以讓這一步變得簡單。谷歌創投的瑞克‧克勞表示：

OKR 在公司運作良好的話，就有如大家皆能流利地說新的語言。每位員工都熟悉常見詞彙，並了解

其如何描繪公司眼裡最重要的事項（和不重要的事項）。運用 OKR 來設立及管理目標幾季以後，公司上下會發展出以下三種獨特超能力：預測將來的能力；公司創辦人或執行長參與每次重要討論的能力，就算（尤其）他們不在現場時也能參與其中；回絕的能力。[27]

提升靈活度及表現

一旦每次的實踐有量身打造的空間，OKR 實踐者多半會每季設立目標。這樣頻繁制定優先事項其實至關重要。企業內外局勢加速變化，對於新資訊務必懂得接收、分析並轉化成知識，以利策略計畫或商業計畫的改革，有時或許還能用於修改計畫。假如只設立年度目標，那麼要做到前文所述，可說是困難重重，你會對可能撼動企業根基的危機事件太晚做出反應，而且毫無準備、束手無策。

頻繁設立目標也能把公司欠缺的準則建立起來。定期集中檢討公司內部狀況與周遭環境背景，就能從中學習並預先主動做出決策。每季調整 OKR，就等於在鍛鍊公司的肌肉，愈運用愈強壯，這樣就能做好準備，因應必然發生的變化與破壞。

最後，近來有證據顯示，更頻繁地設立目標可對財務成果帶來正面影響。根據勤業眾信事務所的報告，公司若能設立季目標，成為前 25% 頂尖表現者的機率會將近四倍之多。[28]

幫助著眼於最重要的事項

　　所有公司最稀罕的資源或許就是在員工心裡所占的分量了。想想在今日 24 小時不停歇的世界裡的激烈競爭吧，各種事物爭相獲取心理占有率，比如公司目標、單位目標、個人成就目標、你晚到又沒準備的會議、產業趨勢、職涯疑慮、家庭問題、社群媒體、昨晚玩遊戲的分數等。我們無疑處在過度接觸一切事物的世界裡。不過，在喧囂的競爭聲浪中，有件事必須提起，就是要認識並理解公司現在的最重要事項（和每位員工該對其做出的貢獻）。要落實 OKR，就必須只挑出最根本的優先事項，全副心力放在經營公司時會出現的潛在變數上。

　　當推特公司前執行長迪克‧柯斯特洛（Dick Costolo）被問到他從谷歌學了什麼來應用在推特公司，他回答：「我在谷歌看到一項做法，於是應用在推特公司，那就是 OKR，也就是目標與關鍵成果法。OKR 是絕佳做法，幫助公司所有人了解什麼是重要事項，還能用來衡量重要事項。基本上，很適合用來傳達策略、衡量策略。」[29]

　　身為高階主管或經理人，就得面對各式各樣的抉擇，猶如接連不斷承受火力攻擊，最後終歸一句話：「要做還是不做？」要不要在海外興建新工廠？要不要雇用那個名聲不好的明星工程師？要不要許可新的行銷活動？問題接連不斷冒出來，必須在肯定與否定間擇一回答。著眼於絕對優先事項，等於是一舉兩得，不但找出最重要事項，還有適當理由可以回絕

一堆看來誘人卻與目標不符的初步計畫。

促進跨部門的契合

本章前文討論了公司如何重新構思工作方式，也就是把權限授予一些小團隊，方便他們處理及克服特殊問題，待事情完成就解散團隊。無論某個團隊設法解決哪種商業問題，光靠一個團隊肯定想不出可行的解決辦法，必須跟公司裡另一個團隊（或多個團隊）共同合作才行。由此可知，在這個網狀連結的世界裡，任何團隊都得知道其他團隊的績效目標。OKR 鼓勵整個公司上下都要採取這般的透明度。

有效的 OKR 計畫會在好幾個層級上運作：有公司層級的OKR，部門或事業單位 —— 貴公司的結構或用語可能不一樣 —— 有 OKR，個人也可能有 OKR。各個層級的 OKR 成分並不受限於偏狹的關注事項，反之，一套研擬完善的 OKR 涵蓋的目標與關鍵成果應要能促進（及展現）你跟你可信任的團隊能共同合作，或者跟可信任你的團隊能共同合作，藉此獲得成果。

理想上，OKR 在整個公司上下都應該要是透明的，也就是每個人都能看見別人衡量的事項，並據此提出意見。這樣的透明化有利合作和契合度，最終更有利執行策略。

提升投入度

有句老生常談經常被引用：「員工離職不是離開公司，

而是離開經理。」有好一段時間，大家都認為這句話是人資智慧之語，公司自然很想補救這種情況，於是開設領導力培育學程，提供敏感度訓練，納入全方位的意見。前述措施和其他措施都是為了改善員工與經理的關係，減輕離職人才造成的風險。只是有個問題，這句老生常談不合乎現實，最起碼根據某項針對領英七千多位會員、橫跨五國進行的問卷調查，實際情況並非如此。

根據受訪者所言，他們離職的主因是缺乏升遷機會。因為缺乏升遷機會離職的人數是因為跟主管關係不好離職的人數的三倍。[30] 幸好，對 OKR 使用者而言，無論人們想開始廣發履歷表是因為跟主管關係不好，還是因為公司沒有升遷機會，只要應用 OKR，這兩種的可能性都會降低。

OKR 不是那種由上到下的實踐，不是向底下的單位部門傳達目標後，就不顧單位部門的看法，逕自要他們忠實執行。實際上，OKR 模式有一項重要特性與其他模式不同，就是包容為重。根據 OKR 模式，個人可以對目標與關鍵成果的選擇發表意見，而這點呈現出目標之設立不僅由上到下，也由下到上。

有機會對你負責之事做出有意義的貢獻，就能長久提高投入度。日後，等成果製成表格，就有機會參與一場秉持探究精神而進行的有意義討論，這樣也能提振士氣，向上級展現員工的就緒度，證明員工已準備好在公司裡往上爬。這種現象已出現在西爾斯控股公司，那裡的 OKR 在 2014 年已就定位，運用

OKR 的員工獲得升職的機率是別人的 3.5 倍。[31]

增進前瞻思維

　　史丹佛大學教授卡蘿‧杜維克（Carol Dweck）以動機 ——
具體來說是心態 —— 為題的著作十分出名，她認為人可分成兩
大陣營。有些人抱著「固定」心態，覺得自己的成功是與生俱
來的能力所致；有些人懷抱著「成長」心態，覺得成功是努力
工作、不屈不撓、決心所致。固定心態者害怕失敗，覺得失敗
等於是自己的基本能力被攻擊了；成長心態者接受失敗，認為
失敗就只是個數據點，是學習和改進的機會。

　　根據我們跟全球各地客戶往來的經驗，加上對該概念的應
用多少也算抱持開放態度，或許可採用相同方式對公司進行分
類。受固定心態所「苦」的人往往會放棄有風險的機會，主要
的原因是害怕失敗。然而，展現成長模範的公司則是領略失敗
滋味，秉持著失敗得快、學得快的精神。

　　在今日的全球經濟市場，公司要有競爭力，就必須採取成
長心態，才能跨出舒適圈，設下大膽的目標。OKR 光是仿效現
狀的話，不僅會導致成效低落，有才能又想在工作上尋找意義
與使命感的員工也可能因此孤單不已。落實目標與關鍵成果，
是為了拓展公司的能力，刺激你的團隊從根本上重新思考工作
方式。OKR 的優點摘要請見圖表 1.4。

圖表 1.4　採用 OKR 的好處

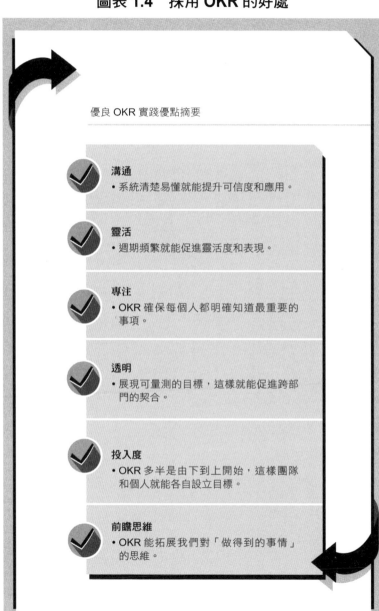

優良 OKR 實踐優點摘要

溝通
• 系統清楚易懂就能提升可信度和應用。

靈活
• 週期頻繁就能促進靈活度和表現。

專注
• OKR 確保每個人都明確知道最重要的事項。

透明
• 展現可量測的目標，這樣就能促進跨部門的契合。

投入度
• OKR 多半是由下到上開始，這樣團隊和個人就能各自設立目標。

前瞻思維
• OKR 能拓展我們對「做得到的事情」的思維。

第 2 章

提升執行力的
OKR 計畫

為何需要 OKR？

前一章曾使用**過度接觸**一詞，暢銷書作家、研究員馬克斯‧巴金漢（Marcus Buckingham）創造該詞來描述我們目前隨時接觸一切的狀態。[1]在家裡、在職場上、在玩樂時，我們經常遭到一波波資訊連番轟炸，新聞、娛樂、行銷訊息，各種刺激因子沒完沒了地出現。時間和注意力是最珍稀的資源，21 世紀初期的生活面臨的一大挑戰，就是要決定怎麼整理分類大量資訊，設法區分訊號和噪音。

由此可見，在開始實踐 OKR 後，必須回答的第一個問題是：「為何要應用 OKR？為何是現在？」如果你的答案無法讓團隊滿意，他們就不太可能把眼前堆積如山的優先事項推到一旁，也不可能付出必需的投入度去成功實踐 OKR（或任何類型的變革）。想想看，大多數企業——甚至規模不大的公司——都採行過多的計畫，這種現象自然不意外。

前陣子，我們跟某間國際公司的子公司合作，合作第一天對 OKR 要從何處融入該公司擁擠不堪的績效管理流程，顯然有點困惑。我們詢問該公司還採用了哪些其他原則，答案有目標計畫、個人績效計畫、領導力培育、平衡計分卡等原則。會議室裡的員工都想知道，OKR 會不會只是讓情況變得更複雜，無法創造真正的價值，從而不能脫穎而出。

這個故事揭露了重要任務：在開始應用 OKR 以前，要先

第 2 章
提升執行力的 OKR 計畫

盤點目前使用哪些系統來管理績效，嚴格檢視 OKR 可融入之處。理想狀況下，你只需要一個系統，一個正確的版本。系統一多，事情只會變得更加複雜、更混亂。

你絕對不該在宣布實踐 OKR 的員工會議上，說出以下幾個「為何要採用 OKR ？」的可能答案：「我們要從優秀邁向卓越！」「我們想要達到頂尖績效。」「因為谷歌做了。」頭兩個答案只不過是空洞的陳腔濫調，在員工眼裡很可能毫無意義，會說出這兩種答案的個人或團隊本身或許甚至沒有共鳴。這類話語含糊不清，有很大的詮釋空間，但你說出實踐 OKR 的理由時，應該要能表達出具體的根本理由。

最後一個答案——「因為谷歌做了。」——或許是最有害的答案。你考慮採用 OKR 很可能是因為你聽過或讀過谷歌、領英、Zynga 或其他一流使用者的成就。然而，你不是谷歌，也不是前述提及的公司。前述公司落實 OKR 做法，從中獲益，而你也希望效法他們後能獲得一些益處，這種想法合情合理，但你還是務必具體表明你獨有的動機。

OKR 應該要能解決你面臨的具體商業問題。要解決商業問題，其中一種做法是利用 OKR 計畫，藉此至少在一定程度上增進員工對公司整體目標與策略的認識。大部分員工說不出自家公司最重要的目標，前文已對這個現實表達了惋惜。下面再提出一例證明這個現實。根據某項研究調查，主管視為成功關鍵環節的前三大目標，有 15 % 的員工連一個都答不出來。其餘

85％說出他們心目中的主要目標，卻往往跟高階主管想的相去甚遠。

該項研究認為，離公司高層愈遠，對公司的抱負就愈不清楚、愈不認識。[2] 有鑑於員工的目標認知度很低，就算有些員工知道公司主要目標，達成目標的投入度自然也不高。約半數受訪者表示，他們對目標懷有熱忱，這也意謂著將近半數員工日常工作時沒什麼動力或不太投入。如第 1 章所述，OKR 要人著眼於真正重要的事項，因此對於克服缺乏目標認知度很有幫助。

然而，在此時此刻，OKR 為何是貴單位的正解呢？總歸來說，唯有你自己能判定確切的理由。請你花時間詳細思考這個問題，構思出整體團隊 —— 從「長」字輩高階主管到一般員工 —— 都會產生共鳴的答案。

在此還要進一步提出建議，請站在你目前身處公司軌道上的位置，以更宏觀的敘事角度來包裝你的根本理由。新手的你，想獲得市場占有率卻又不得要領嗎？老手的你，承受不了競爭對手的創新商業模式嗎？請清楚地概要說明你面臨的難關、你為因應難關所制定的策略、以及如何應用 OKR 幫你度過難關。成長與變革應當視為必做的要務，不該視為一種選擇。

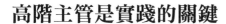

高階主管是實踐的關鍵

我倆都會在業界會議上演說，除了把 OKR 知識與策略分享給聽眾外，也很喜歡聆聽其他簡報者的看法，並從對方的獨到經驗中學習。我們特別想知道個別公司訴說的故事，他們簡要說明這一路上的實踐情況和學到的教訓。當然，各家公司踏上的道路略有不同，訴說的故事也呈現出各自旅途的細微差異。然而，無論實踐的是哪種變革計畫，凡是成功實踐的公司都有一項共通點，就是高階主管不吝給予支持，對於變革計畫懷以由衷的熱忱並全力以赴，從而編織出巨大的安全網。

前文列出一堆會爭相奪取注意力的刺激因子，而且背景環境多麼嚴苛，可以想知，要是沒有高階主管的支持，初步計畫就無法貫徹。工作量超載時，我們會尋找線索，以利釐清混亂情況，關注真正重要的事項。其中一項重要線索就是高階主管——尤其是「長」字輩的——把時間和注意力放在哪個地方。有句老話說：「我老闆對什麼有興趣，那我就對什麼很著迷。」如果資深領導者展現出他們對變革計畫的了解，言行也表示支持，員工肯定會起而仿效。然而，領導者要是對最新的變革計畫明顯不感興趣，怎能期待員工騰出寶貴的注意力來支持計畫呢？

瑞姆‧夏藍（Ram Charan）和賴利‧包熙迪（Larry Bossidy）在合著的《應變》（*Confronting Reality*）一書中，即明確舉例

闡述高階主管的支持：

> 初步計畫之所以失敗，往往是因為推出時漫不
> 經心，或超乎組織能力所及。以下情況經常發生：領
> 導者宣布某項大膽的新計畫，說完就撒手不管，工作
> 留給別人去做。上層沒有明確推動，計畫就會偏離正
> 軌，隨波逐流。畢竟初步計畫是追加的工作，而人員
> 手邊的事都已經滿了。老闆不認真看待，少有員工會
> 認真看待。最後，付出的努力陷入泥沼而後消逝⋯⋯
> 領導者針對公司的變革方法做出大膽的宣言，卻又得
> 不到實質成果。
>
> 實質成果來自深思熟慮又努力付出的領導者，這
> 種領導者不但了解初步計畫的細節，還能預知公司會
> 達到怎樣的計畫成果，並確保人員達成計畫，在計畫
> 背後給予支持，把計畫的急切性傳達給大家知道。[3]

前述引文應該做成警告標籤，貼到貴單位的初步變革計畫
相關文件上。唯一缺少的就是這個結尾：「沒有獲得支持，就
不要進行。」

如何獲得高階主管的支持？

如果你對 OKR 有潛力為貴公司帶來價值一事感到振奮不

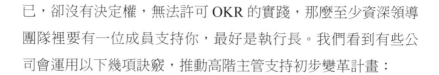

已,卻沒有決定權,無法許可 OKR 的實踐,那麼至少資深領導團隊裡要有一位成員支持你,最好是執行長。我們看到有些公司會運用以下幾項訣竅,推動高階主管支持初步變革計畫:

- **把 OKR 跟高階主管有熱忱的事物連結起來**:若計畫跟高階主管個人的熱忱與價值觀產生共鳴,其更有可能主動支持並表達支持之意。你的工作就是找出哪項因素能引對方上鉤,並說明 OKR 如何從無形的理論化為公司裡的現實。或許,貴公司的執行長堅持上市速度的效用,那麼你可以表明 OKR 的步調快,可讓人快速行動、提出意見,並提高彈性與靈活度,從而縮短新產品的開發週期。

- **提供 OKR 教育**:我們支持任何新計畫前,都必須先感受該計畫具備真實的價值與意義。那樣的意義與價值是因全面了解該主題所造就。資深經理會追隨同一條道路,從知識邁向意義,再邁向價值與投入,因此第一步就是提供 OKR 基本教育,也就是提供定義、例子、好處,還有一點最為重要:貴單位現在應採用 OKR 的理由。

- **請高階主管共同實踐 OKR**:變革專家多半主張,人們無法憑想法來改變做法,而事實上憑做法就能改變想法。結論是你積極參與某件事物的創造,那麼你支持它的機率就大多了,因為你實際上落實了那樣的改變。因此,強烈建議你確保資深高階主管加入你的 OKR 實踐行列

中，而且這件事不要委派給層級較低的團隊。有些公司會努力促進高階主管參與其中，美國最大線上求職網站 CareerBuilder 即是一例。

前陣子，CareerBuilder 舉辦了 OKR 草擬工作坊，CareerBuilder 資訊長羅傑·弗哲 3 天都參加了。他體認到自己的出席舉足輕重，有利 IT 人員契合企業走向。資訊長出席，參與工作坊的人員就都明白自己得要認真看待 OKR。

執行長實際投入的話，有一項莫大的優點，我們可以從某位客戶近來的投入狀況見識到。這名執行長才剛上任，雖說他接下職位前就做了大量盡職調查*，但實際上開始擔任執行長後，卻不確定前方會有什麼等著他。情況肯定並未相當符合他原先的期望，他向我倆其中一人吐露：「地板比我想的還要不牢固多了。」

他在前兩家公司應用 OKR 都大獲成功，因此在第一波的行動中，有一步是在整個公司從上到下制定 OKR 計畫。他並未訴諸委派，反倒旁聽公司層級所有工作坊，並從行程表騰出寶貴時間，檢討層級較低的所有目標。他分享了以 OKR 為主題的文

---

* due diligence：簽署合約或其他交易前，依特定注意標準，對合約或交易相關人或公司所進行的調查。

章，在全員大會談及 OKR，甚至還傳達給外部聽眾。不用說，大家都見識到他對實踐 OKR 的熱忱，很快就跟在他後頭做。雖然他們才剛熱切投入工作沒多久，但多虧 OKR 提出的重點，成果已開始顯現改善跡象。

在何處創立 OKR ？

乍看之下，OKR 似乎十分簡單：決定你想做的事，以何種方式得知你已達到目標。然而，OKR 的實際創立與整體實踐，必須對幾項主題深思熟慮才行。我們在檢驗你應用 OKR 原則的根本理由時，就已說明過某一項主題。此處要探討另一個初期實踐問題：「你要在何處創立 OKR ？」此處概述你會有的幾個主要選擇。

只在公司層級創立 OKR

對許多公司而言，這會是最有邏輯的選擇。從最上層開始著手，有幾項固有的優點：可明確傳達公司最關注的重點，代表高階主管團隊展現出投入與責任感，也提供一些方法，有利於日後在公司較低層級研擬 OKR。這種做法不但可讓公司「漸進」採用 OKR，也讓全體員工有時間理解 OKR 概念，見識OKR 如何有助於改善成果。

漸進採用的觀念其實有科學基礎，稱為**未來的套牢**（future lock-in）。這個詞彙是由行為科學家陶德·羅傑斯（Todd Rogers）和麥克斯·貝瑟曼（Max Bazerman）所創造，用以描述人們若認為某項變革契合自身的價值觀，並會在將來某一刻實踐的話，往往就會變得更順從變革。[4]如果你過去曾經很難推行變革，這種做法就尤其合適，優點在於員工認為這種做法比較不具緊迫性。你最初只在公司層級推出，當你展現初期的好處時，員工會有時間根據概念進行調整。

如果你選擇這種做法，成功的關鍵推手就在於高階主管的支持。要是 OKR 一推出就黯淡無光，隨後高階主管又不感興趣，那麼 OKR 一開始就注定失敗。必須要有一位（或多位）懷抱熱忱的倡導者為 OKR 計畫創造最初的動力，並向整個團隊證明 OKR 計畫並非另一個不久就注定消失的「一時流行」。

在公司及事業單位或團隊創立 OKR

較有抱負的做法是在公司層級及事業單位或團隊層級推出 OKR。所謂事業單位或團隊是指資深高階主管底下的團體，你的用詞可能不一樣。OKR 的實踐不會同步進行，應該是先創立公司層級的整體 OKR，等到廣泛傳達出去後，事業單位或團隊再根據整體目標，創立他們自己的 OKR。

此法最重要的是要仔細挑選公司層級目標，並讓大家充分理解，畢竟公司層級目標是事業單位 OKR 或團隊 OKR 的重要

參考。再說一次，在破記錄的部門看來，高階主管層級的支持至關重要。此外，做出這個選擇就必須以部署參數的方式，進行一些重大的前置作業。在你許可事業單位或團隊創立 OKR前，請務必先概述關鍵準則，例如目標或關鍵成果的數量上限、對詞彙的共識、評分方式等，這些主題會在第 3 章討論。

在整個公司創立 OKR

最終，這就是你想到達的目的地，也就是公司、事業單位、和個人層級都有 OKR，確保公司從上到下契合，如此一來，到達目的地只是遲早的事。這裡同樣也有前面幾段文字列舉的風險，但既然是設法拓展到公司裡更低的層級，風險就更大了。除非你的公司很小，否則並不建議在剛開始落實 OKR時，就以此作為第一選擇。雖說如此，但照理不該花好幾年時間才完成。一旦在某個層級證實 OKR 概念，就要更加深入並累積動能，直到最後整個公司都採納 OKR 為止，直到 OKR 成為公司文化的一部分為止。唯有你可以決定合適的實踐步調。

在事業單位或團隊落實前導做法

有些公司在設法降低負面風險時，會選擇在事業單位或部門層級開始落實 OKR 計畫。他們會採用前導做法，證實 OKR概念可行，展現快速致勝，激發熱忱，以利 OKR 大範圍推出。你選擇的事業單位或團隊的領導者必須深入了解 OKR 內部運

作，並相信 OKR 原則能帶來實質業務成果（用以描述「支持」的另一種說法，只是層級較低）。如果前導團體確實快速致勝，抓住其他團體的注意力，使其他團體也熱切仿效前導團體的成就，那這種做法就能帶來好結果。

這個選擇有其危險性，前導團隊選擇的 OKR 必須能達成才行。要是前導團隊制定達不到的目標，OKR 一敗塗地的話，無疑會嚇到其他人，怕實施 OKR 計畫只會暴露出自身缺點。

在專案上應用 OKR

這是另一種「漸進採用 OKR」的做法。不先研擬公司層級的 OKR，不先在事業單位或團隊層級應用 OKR 原則，反倒先把 OKR 應用在最大的專案。自問你的目標在專案的意義是什麼，然後確立關鍵成果，以利追蹤專案狀況並評量成功程度。此法有助推廣 OKR 概念，讓大家都能流利運用該詞彙，從而改進你的專案管理準則（但願如此）。

我們認為這是一種選擇，所以不會強烈主張大多數的公司都要採用這種做法。你在哪個專案花費時間金錢，那個專案就必須跟你的整體策略（以及願景、使命）有所連結。前述條件都一一到位後，就更有可能加快執行速度，更快在公司層級應用 OKR，最後推行到整個公司。

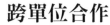
跨單位合作

此處會採用**團隊、事業單位**這兩個措辭。無論如何,要確立創立 OKR 的團隊並非只是在練習重新製作組織結構圖而已。看看兩個以 OKR 實踐為基礎的常見例子吧,它們有利你開始界定 OKR 團隊。

兩個團隊使用一套 OKR

我們通常會看見兩個團隊在成為商業夥伴後,採用同一套 OKR。例如,IT 部門可以採用縱向結構,像是 IT 業務營運部、IT 財務部、IT 行銷部、IT 產品部等。在這種情況下,不該讓各個 IT 團隊分別設立自己的 OKR,也不該讓各個業務團隊設立其 OKR,而是讓「IT 業務營運部」所組成的團隊來界定一套 OKR。業務團隊會負責推動 OKR 的建立,但對應的 IT 團隊會參與過程,確保 OKR 行得通又獲得充分理解,這樣一開始就能契合。公司裡的其他團隊(例如財務部)也可以採行這種模式。

IT 團隊和財務團隊通常會為了創立 OKR 而跟其他團隊合併,此外還有其他多組團隊 —— 視你所在的產業與結構而定 —— 可能也會被視為「一體」。在軟體界,產品團隊與工程設計團隊有著相互依存的密切關係。兩個團隊各有各的主管,在組織結構圖上也是獨立的方塊,如果這兩個團隊間的依存度很高,那麼你或許該考慮合併兩者,創立一套 OKR。

多個團隊使用一套 OKR

有些公司的初步計畫必須有好幾個團隊做出大量貢獻。我們有一位中型科技客戶就面臨這種情況，而且根本沒按團隊設立 OKR。這位客戶的關鍵初步計畫共有五項，並且限定由一個「小組」負責一項。各個小組有其一套 OKR，各團隊還包含個別貢獻者。因此，一個小組可能有四位工程師、二位設計師、一位行銷分析師、一位財務經理、一位產品經理。

可能還有其他的實踐組合是此處未記載的，但這裡的內容是基於實際的客戶實踐與我們的研究結果。如前文所述，你最終的目標應該是在整個公司上下應用 OKR，但在時間點的掌握上，請耐心以對，保持彈性。最重要的一件事——就跟人生中、事業上要努力的任何事一樣——是要克服反對的力量，開始動手做就對了！

關於該在何處應用 OKR，選項概述請見圖表 2.1。

OKR 的成功訣竅——研擬計畫

你知不知道誰是「西木鬼才」（Wizard of Westwood）？假如你猜是哈利‧波特（Harry Potter）的下一位勁敵，那可就錯了。這裡所說的鬼才只是個麻瓜，卻是擁有傳奇技能的籃球教練——約翰‧伍登（John Wooden）。

圖表 2.1　在何處創立 OKR ？

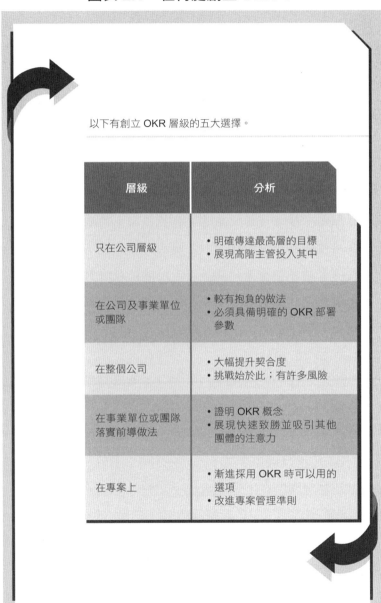

以下有創立 OKR 層級的五大選擇。

層級	分析
只在公司層級	• 明確傳達最高層的目標 • 展現高階主管投入其中
在公司及事業單位或團隊	• 較有抱負的做法 • 必須具備明確的 OKR 部署參數
在整個公司	• 大幅提升契合度 • 挑戰始於此；有許多風險
在事業單位或團隊落實前導做法	• 證明 OKR 概念 • 展現快速致勝並吸引其他團體的注意力
在專案上	• 漸進採用 OKR 時可以用的選項 • 改進專案管理準則

他執掌加州大學洛杉磯分校（UCLA）男籃將近三十年，期間總共贏得前所未有的十個全國總冠軍。他把籃球策略提升到新高度，不過除了他對球賽的敏銳洞察力，還有另一個成功訣竅——規畫。他如此形容自己的觀點：

> 當時我在加州大學洛杉磯分校教籃球，覺得我們要成功的話，就必須勤奮才行。我能達成這個目標的原因之一就是適當的規畫。我花 2 個小時跟工作人員共同規畫每一次的練習。每回的操練都是以分鐘計。這練習的各個層面都編排好了，連擺放練習球的位置也規定了。我不希望球員跑去某個放錯位置的球箱，損失了時間。[5]

若你以同樣的投入度關注細節，在開始運用 OKR 時就能獲益。我們已稱許了 OKR 具備的諸多好處，人們往往會很想馬上跳進去，立刻草擬 OKR，卻沒考量到我們提的那些問題，例如：「為何採用 OKR？」、「誰會支持？」等，而且本書通篇都會提及這些問題。不過，這樣快速施行可能要付出代價，大家可能會心生困惑，對於你履行專案的能力，也愈來愈懷疑。

試想，你對於要開始落實 OKR 感到十分興奮，於是立刻召開會議，跟高階主管團隊及其直屬部下開會，創立公司層級的 OKR。有些小問題必然會發生，在你建構的事項上可能也缺

乏完全的共識,但在一天結束時,你的牆上貼滿便條紙,草擬出一套目標與關鍵成果。在你即將結束會議、說出「有沒有問題?」之前,肯定會有人舉起手。起碼有好幾個人會問:「接下來要怎麼做?」如果你沒通盤想過這場會議的情況,就無法提出接下來的做法,從而往往引發疑慮,而你的 OKR 實踐有可能會快速脫軌。

你不需要厚重如電話簿的專案計畫描繪出後續 18 個月可能會採取的每項步驟,你只需一份文件,概要說明大家實踐 OKR 時要做到的重大事項,這樣就能監督進度,還能確保這過程都能竭盡全力解決問題。後續兩節內容會概要說明 OKR 實踐的規畫階段和研擬階段應採取哪些關鍵步驟。

規畫 OKR

在這個階段,你要奠定根基,以利成功推出 OKR。以下列出幾個關鍵步驟作為考量之用:

- 穩住高階主管對 OKR 的支持。
- 回答「為何採用 OKR?為何是現在?」
- 判定你要在何處開始落實 OKR(只在公司層級、落實前導做法等)。
- 制定實踐計畫(請參閱下面研擬階段一節)。

研擬 OKR

此計畫提出第一套 OKR 創立時應採取哪些具體步驟，還要檢討最初的成果。研擬計畫的內容當然取決於你要在何處創立 OKR。在此假設你一開始只會在公司層級落實一套 OKR。

- **提供 OKR 教育**：前文提過 OKR 的簡單會很有吸引力，概念要是易懂，公司往往會跳過這個重要步驟。然而，這個教育可說至關重要，不但能為 OKR 模式奠定基礎，還能說明你現在為何會選擇採用 OKR，講述其他公司的成功故事，描繪這趟旅程期間會發生的情況。
- **研擬或確立使命、願景、策略**：你的 OKR 應該從策略轉化而來，並推動願景的達成，契合整體使命。前述事項都是成功背後的關鍵推手，因此應該要在你著手開始前就穩固到位才行。
- **創立公司層級的目標與關鍵成果**：這個步驟有以下幾個選擇：運用小型團隊；透過問卷調查，收集員工意見，供日後工作坊使用；進行高階主管訪談；在工作坊期間草擬目標。該主題及伴隨而來的選擇會在第 3 章加以探討。
- **向公司說明 OKR**：建議在此使用多種媒介，以電子方式分享，張貼到內部網路，最重要的是親自溝通（或許是在全員大會上），這樣就能促進對話，說明你選擇的 OKR 及選擇的理由。

- **監督 OKR**：你對 OKR 不會「設立完就忘掉」，但在一季期間（或你選擇的頻率），務必要監督 OKR。
- **季末呈報成果**：對你的 OKR 加以評分，把成果傳達給整個公司上下。此主題如同前文討論過的內容，後文會再提供更詳細的資訊。

　　本節內容始於偉大的籃球教練帶來的鼓勵，終於另一句「鼓舞士氣」的話語 —— 但在本質上白話多了。我倆其中一人的職涯初期，有位同仁對規畫非常著迷，她辦公室牆上唯一掛的圖片是大型裱框印刷品，寫著：「不去做計畫，就是在計畫著失敗。」只要依循前幾節內容列出的步驟，就可以扭轉情勢，規畫出成功的康莊大道！

成功轉型的關鍵

　　第 1 章說明了 OKR 的定義，但除了分類，還必須記住，OKR 其實是一種變革與轉型的努力。可惜，根據記載，許多公司的變革之路走得跌跌撞撞。有許多人研究該主題，根據哈佛商學院教授麥可・比爾（Michael Beer）與尼汀・諾瑞亞（Nitin Nohria）的研究，失敗率估計高達 70％。[6] 由此可知，務必要追隨變革領域的最新研究結果，把局勢扭轉成對自己有利才行。

前陣子，全球顧問公司麥肯錫（McKinsey & Company）進行一項問卷調查（與研究），發現有四大關鍵管理行動經證實最有成效，可成功推動初步轉型計畫。[7] 下文以 OKR 的環境，簡短討論各個行動。

第一個關鍵行動是做出榜樣，在渴望高階主管下指示的人員面前，領導者要言出必行，展現出必要的行為舉止。這項研究結果證實前文討論的做法，也就是務必要穩住高階主管對 OKR 的支持。

第二個關鍵行動是促進大家的了解與信念。只要員工了解上級要自己要從事的變革有何根本理由，就更有可能會付諸行動、支持變革。若創造出的「變革故事」能傳達變革為何有必要、大家可以預期的情況、變革期間會提供什麼工具協助員工，那麼就能助長這個行動。正如「高階主管的支持」之內容，本章前文已經提過「為何採用 OKR？」的重要性。

下個行動就是經由正式機制增強變革。結構、系統、流程都屬於正式機制，可用於支持員工努力接受新的心態與行為。舉例來說，你或許會修改員工績效考核系統，局部採納個人 OKR 成果。這樣變革（OKR）與正式系統（績效考核）就會變得契合。

麥肯錫問卷調查提及的最後一個關鍵行動，就是培養才能與技能。員工有了新做事方法需要的技能，就更可能進行所需的變革。這個行動凸顯出策略實際到位的重要性，畢竟會影響

到執行時最終需要哪些技能。針對目前的（與預測的）技能優點及差距進行評估後，就能利用一組目標發展機會出手干預。

　　沒有神奇方法能保證你會想出有效的設計或讓轉型計畫大獲成功。然而，只要花時間心力謹慎應用本章提出的建議，肯定能為 OKR 計畫奠定穩固根基，為目標與關鍵成果的實際建構做好準備，這點會在第 3 章討論。

OKR 三大基石 ── 使命、願景、策略 [8]

　　OKR 的一大優勢在於重視較短的週期。檢討週期更加頻繁的話，就能快速學習，進展的機會增加，甚至獲得工作致勝感。然而，重視較短的週期也可能引發問題。OKR 是不是太短視近利？如果 OKR 只注意一季的情況，怎能算是有策略呢？有些批評者會認為 OKR 比較像一種戰術，而不像是策略原則。要克服前述的潛在缺點，就必須營造出適合設立 OKR 的環境。

　　OKR 永遠不該憑空創立出來，其必須呈現公司的宗旨、公司想達成的長期目標、公司為成功守住市場而制定的計畫。換句話說，OKR 要能把使命、願景、策略化為行動。後續幾節內容會說明各個 OKR 素材的背景資訊，討論其何以重要，並提供一些工具，有利評估你目前的版本或創立全新版本。

　　前述主題已有一堆書籍進行討論，就策略這個主題而言，

沒有數千本書也有數百本書在討論。我們承認本書講述的主題是 OKR，如果你對花時間閱讀下文有所遲疑，我們也很能理解。然而，正如前述，如果你的 OKR 投資要成為有利潤的投資，那麼你建立的 OKR 就必須促使貴公司邁向理想的 OKR 未來狀態。那個理想的未來是以「使命、願景、策略」呈現（請參閱圖表 2.2）。因此，在此鼓勵你閱讀下文，並利用文中提出的建議，為你的 OKR 計畫奠定穩固根基。

圖表 2.2　打造 OKR 背景脈絡

在你的使命、願景、策略環境下，創立 OKR，藉此確保契合度。

使命 —— 企業的核心宗旨

　　無論是顧客、目前員工、潛在員工、還是策略夥伴，任誰碰到貴公司的人無疑都會有些問題浮現心頭，例如：「作為企業，你的身分是什麼？」「你為何存在？」貴單位的使命就是回答前述的重要問題。[9]

　　使命宣言是用於確立企業的核心宗旨，換句話說，就是企業的**存在理由**，企業為何存在。此外，使命還呈現出員工參與公司工作背後的動機。在深受股東疑慮影響的私部門，使命應該為公司的存在提出根本理由（除創造股東財富外）。就算是今日的市場由華爾街主導又崇尚數據，使命宣言也該描述企業要如何服務公眾利益，也該說明這件事 —— 企業應扛下的真正責任 —— 何以重要。

　　職場猶如人生，我們全都努力付出心力。要落實宗旨並獲得滿足感，不是光憑累積薪水就行了，而是要對某件比我們自身還要宏大的事物有所貢獻，要做某件有價值的事。企業的使命就是共同落實這個最基本的人類渴望。惠普公司共同創辦人大衛・普克（David Packard）對此深信不疑，並讓這個信念成為他的管理學基石。他在 1960 年演講時描述的使命請見下文。雖已是五十多年前的事，概念卻仍然適用於今日：

　　　　一群人聚在一起，創造了組織（我們今日所稱的
　　公司），這樣就能共同完成他們無法單獨完成的某件

85

事——他們對社會有所貢獻……做出有價值的事。[10]

卓越的公司給了我們機會去完成某件有價值的事，經由工作獲得真正的意義和滿足感。

願景與策略假以時日就能達成，但使命永遠無法真正獲得滿足。使命有如為你的工作指引方向的信標台，你不斷追尋著它，卻永遠不太能觸及。就把你的使命想成是可以用來為貴單位指引方向的指南針吧！你迷失在陌生地帶，指南針可引領你邁向安全之地；而在公司前途未卜的時刻，強大的使命可以引導你。

為何需要使命宣言？

在更進一步以前，我們應該先承認呆伯特*式的回應，也就是使命（與願景）往往發生在厭煩變革的公司老手與新手身上。有些人認為使命只不過是一些粉飾又空洞的話語，最後為公司帶來的價值很低或毫無價值可言。這點我們並不認同。就 OKR 而言尤其如此，我們認為使命對你的實踐至關重要。

前文提到 OKR 不得憑空創立。如果你希望獲得該做法的好處，就必須提供有利實行的環境。雖然你的具體策略會提供當

---

* Dilbert：出自美國漫畫家史考特・亞當斯（Scott Adams）諷刺職場現實的作品，主角呆伯特是個善於處理自身專業問題，卻拙於處理人際關係、缺乏「政治手腕」的上班族。

前的背景（這稍後會討論），但 OKR 還要引領你達成願景（請
參閱下一節內容），還要符合你的使命。請思考一下，你在研
擬可真正轉化使命的 OKR 時，會創造出莫大的價值與契合度。
現在你有個工具可當成指南針，引領整個員工團隊採取行動。
你的挑戰就是把使命往上提升到超乎咖啡杯上的裝飾字樣，並
利用使命的力量。

有效的使命宣言必備要點

　　既然我們現在知道什麼是使命宣言了，現在就來看看有效
又長久的使命宣言具備哪些特性。

- **簡單明確**：彼得・杜拉克說過，企業犯下的一大錯誤就是
  把使命變成「塞滿善意的潛艇堡」。[11] 這些年來，我們讀
  過的名言佳句成千上萬，但這句應該會是最愛的一句。這
  句話簡短又生動，最重要的是百分之百精準。每次我們把
  這個睿智的至理名言告訴聽眾，全場要不是不約而同點
  起頭，就是不好意思暗自發笑，就好像在說：「沒錯，你
  戳到我們的點了。」你的用意或許令人欽佩，卻不一定務
  實。你沒辦法符合所有人的期待，還期望能保有完成具體
  目標時應有的焦點。使命必須反映出你要努力的領域。
- **激發變革**：雖然你的使命不會改變，但應該能在貴單位
  內引發莫大的變革。既然使命永遠無法徹底落實，那麼就

應該促使貴單位往前邁進，帶來正面的變革與成長。想想沃爾瑪超市（Walmart）的使命——「幫人省錢，改善生活」。[12] 零售業一百年前的面貌跟今日大為不同，但絕對可以打包票，大家以後還是會想要省錢。

- **長期性**：撰寫使命宣言，應以維持百年為思考重點。雖然策略內容在百年期間肯定有所變化，但使命應該始終是公司的根基，有如地底的樁，支撐著將來所有的決策。

- **容易了解及傳達**：在使命宣言裡，流行語不該有立足之地。使命宣言應用白話寫，讓所有的讀者都容易了解。矚目又好記的使命能觸動人們的內心，傳達想法給人們，鼓勵人們為公司的宗旨付出。

如果你從未創立過使命宣言，圖表 2.3 是個簡易範本，可協助你在貴單位內部著手開始。

檢視使命宣言

無論你是否知道，貴公司很可能早已擁有使命宣言，也許是驕傲地裝飾在公司各處的辦公室牆上，也許反倒是可憐兮兮擺在架子上蒙塵，也許是塞到桌子抽屜裡某個看不到的地方。如果你的使命宣言是落到後者的下場，也就是你已經好一陣子沒看到也沒聽到使命，就表示該重新檢視使命了。

一開始先依據本章前文提到的特性評估使命。你的使命宣

圖表 2.3　使命宣言簡易範本

存在理由（主要的宗旨、要滿足的需求、要解決的問題）

_____

_____

對象（主要客戶或顧客）

_____

_____

目的（提供的核心服務）

_____

_____

目標（長期成果，可決定成功與否）

_____

_____

言是否具備全部特性？如果你不確定目前使命的效用，在此提出一些額外問題供你思考：[13]

- **使命是不是最新的？** 是否反映出公司實際在做的事和關注的重心？
- **使命是不是關係到全部的股東？** 檢討你的使命後，你的存在是否因此有了令人信服的理由？
- **服務的對象是誰？** 為了更精準反映出目前客群，是否該重新撰寫使命？

圖表 2.4 是各種組織使命宣言的範例。

使命目標與關鍵成果

如果你讀到這裡，還往後翻了，看到好幾頁在講述願景與策略，那麼你會感到有點挫折，這我們也充分理解。會產生挫折感可能是因為要舉辦使命與願景工作坊，可能是因為策略規畫工作或許很花時間，而高階主管團隊絕不可能投入時間心力。後續幾節的內容會說明這類主題的要素，我們希望、也期望你可以用最少的時間心力，創立出各主題的強大版本。然而，如果還是覺得辦不到，建議你起碼思考一下簡化的 MOKR（Mission Objectives and Key Results，使命目標與關鍵成果）概念，也就是請替負責研擬 OKR 的公司和所有團隊創立使命宣

圖表 2.4　使命宣言範例

亞馬遜

我們的目標是成為地球上最以顧客為重的公司，顧客能在 Amazon.com 找到任何東西。

星巴克

以一次一個人、一杯咖啡、一個鄰里的方式，啟發和培養人文精神。

Nike

把啟發和創新的精神帶給世上每一位運動員。

谷歌

把全世界的資訊整理得普遍容易取用又實用。

言，並運用使命來引領 OKR 的研擬方向。

　　擁有明確的使命，並依照使命來調整 OKR（頻率是每月、每季、每年皆可），就能確保短期執行的工作合乎公司的長期宗旨。圖表 2.5 呈現行銷團隊的 MOKR 應用。在此例中，行銷團隊在第一季著眼於兩項目標，而這兩項目標都合乎整體使命。行銷團隊將來當然也可能會更改這兩項目標。至於往後的目標，在此列舉一些例子：「修訂行銷輔助材料，納入新產品入門。」「提出第一個全方位的競爭分析，內容涵蓋行動市場的新對手。」請注意，前述目標也都合乎更長期的使命。

　　我們曾把 MOKR 部署在有 5 個事業單位、約 50 位團隊領導者的中型軟體公司，我們跟每位經理花 10 分鐘確立團隊使命，這在整體投入方面或許是最有價值的行動。如此一來，財務長就能快速閱讀各團隊的核心宗旨，了解這些宗旨如何融入公司的宏圖裡。此外，公開所有使命宣言，很容易就能看出公司各個團隊如何相互串連又共同配合。

願景 —— 企業的成長方向

什麼是願景宣言？

　　前一節討論了強大的使命至關重要，它可決定公司的核心宗旨。有了使命作基礎，現在需要更能具體定義我們未來想邁向何方的宣言。願景宣言就能做到這點，意謂著堅定的使命會

圖表 2.5　MOKR 範例

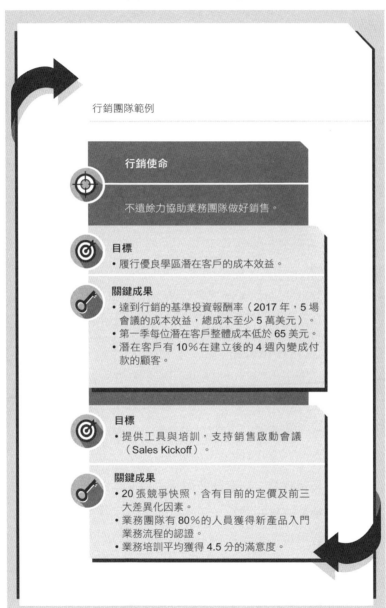

行銷團隊範例

行銷使命

不遺餘力協助業務團隊做好銷售。

目標
• 履行優良學區潛在客戶的成本效益。

關鍵成果
• 達到行銷的基準投資報酬率（2017 年，5 場會議的成本效益，總成本至少 5 萬美元）。
• 第一季每位潛在客戶整體成本低於 65 美元。
• 潛在客戶有 10％在建立後的 4 週內變成付款的顧客。

目標
• 提供工具與培訓，支持銷售啟動會議（Sales Kickoff）。

關鍵成果
• 20 張競爭快照，含有目前的定價及前三大差異化因素。
• 業務團隊有 80％的人員獲得新產品入門業務流程的認證。
• 業務培訓平均獲得 4.5 分的滿意度。

轉化成果敢又活躍的策略。

願景宣言以文字描繪出公司最終想成為的樣子，可能是 5 年後、10 年後或 15 年後的將來。願景宣言不該是抽象的，應盡量具體描繪公司以後想處於何種狀態，還要為策略與 OKR 的籌畫奠定基礎。強大的願景可為公司裡的每個人提供共通的心理原則，使我們前方那個往往抽象的將來得以成形。願景總是跟隨著使命（宗旨）。要是沒了使命，願景只不過是空想，無法連結到長久的事物上。

願景宣言具備的典型要素如下：需要的商業活動規模、公司股東（顧客、員工、供應商、監管機構等）如何看待公司、具領導力或獨特能力的領域、堅守的價值觀等。

有效的願景宣言必備要點

如果沒有明確又矚目的願景引領全體員工採取行動，全體員工都會缺乏方向，無論員工再了解你創立的策略，公司仍無法從中獲利。下面列舉一些有效的願景宣言的特性：

- **量化又有時限**：企業的使命是用以描述企業存在的理由，亦即企業的核心宗旨。這類宣言的文字往往能鼓舞士氣，卻沒有用數字呈現抱負，也沒有表明時間安排。然而，願景必須涵蓋數字和時間，才會有成效。願景要具體呈現將來的面貌，因此必須用明確的細節描繪出你展望中的公司

未來狀態。

　　雖然願景內容取決於各個企業獨有的情況，但許多企業的願景重點都是長期財務目標，底下有好幾個看似大膽的營收目標或利潤目標。有些企業的願景是大膽的目標，跟服務顧客數或進入地域數有關。至於 OKR 願景的進度，要是沒有數據，就無從量測了。

- **精確：**一流的願景宣言能抓住你的注意力，立刻吸引你投入，不會用一頁頁華而不實的庸俗文字惹你厭煩。最簡單的願景往往最有力量、最吸引人。

　　2008 年，穆塔‧肯特（Muhtar Kent）接下可口可樂執行長一職，當他被問到什麼是可口可樂往前邁進的第一優先事項時，他毫不遲疑地回答：「制定願景……共有的成功情景。我們稱之為 2020 年願景，十年後，我們要讓業務量增加一倍。這願景不適合膽小鬼，卻顯然很可行。」[14] 他的願景簡明又強大。請注意，他的願景可量化又有時限。

- **符合使命：**你的願景等於是進一步詮釋了你的使命（亦即「你為何存在？」）。如果使命是要替顧客解決問題，而你其中一項核心價值觀是不斷創新，那麼你的願景宣言應該就會提到創新。你在願景中是以文字描繪你將來想達到的狀態，而這狀態會帶領你達成使命，因此願景務必要契合使命。

- **可檢驗**：如果願景宣言使用最新的商業術語，那麼就算最有歷練的人，還是會覺得願景宣言含糊不清。當你變成**世界級、尖端、一流品質**，貴單位裡有誰能精確判定呢？你撰寫的願景宣言要能在以後達成願景時，知道自己達成了。請再次留意，肯特明確提到十年後業務量要提升一倍。使命不會改變，但願景是針對限定的一段時間寫成的，那麼就應該預期願景會有所變化。

- **可實行**：願景不該是資深管理階層的集體夢想，必須立基於現實之上。要做到這點，對於自己的業務、市場、競爭對手、新興趨勢，務必要清楚了解才行。

- **鼓舞士氣**：願景是以文字描繪出公司將來想達到的狀態。可別錯過這個鼓舞團隊士氣的機會，才能讓團隊做出必要的情感投入，從而抵達目的地。願景宣言不僅要有引領作用，還要能激發全體員工的熱忱。願景要能鼓舞士氣，必須先讓上至董事會、下至一般員工都能理解願景。把施行時要用的詞庫都丟了，轉而著眼於你對業務的深切了解，這樣就能寫出所有關係人士都覺得有意義的宣言。

研擬願景宣言

「回到未來的想像」是很有趣的練習，有助研擬願景宣言。這過程可由個人或團體進行，不過為了說明做法，此處假設是團體。請分發 3×5 吋索引卡，每位參與者可收到數張。一

開始先請團體成員想像自己五年後、十年後、十五年後 —— 時間間隔請自行選擇 —— 隔天早上醒來的情況。為了記錄他們對將來的想法，每個人都會收到即可拍相機，用來拍攝他們希望公司內會發生的重要畫面與變化。在每天的奇遇結束後，他們必須替這天拍攝的相片加上說明文字。

請成員用你先前發的索引卡來記錄說明文字。到了旅程結束時，他們已詳細記載將來的情況。給參與者約 15 分鐘的時間，請他們想像未來的旅程，鼓勵他們盡量用心靈之眼去捕捉畫面。向大家提問：「我們公司發生了什麼情況？我們很成功嗎？」「我們向哪些市場提供服務？」「哪些核心能力讓我們有別於競爭對手？」「我們達成了哪些目標？」把索引卡的說明文字記錄在活動掛圖或筆記型電腦上，當成是願景宣言的初稿素材。

我們覺得你會喜歡這項練習，不過成果還是十分重要。有了願景，目前績效和所需績效之間的差距就會減少。你會為整個公司上下草擬出可減少績效差距的 OKR，因此願景對充分運用 OKR 至關重要。

策略 —— 創立 OKR 的背景脈絡

雖然我們能在前文概述對使命與願景的討論內容，不過「策略」這主題十分龐大，有數以百計本的書籍、成千上萬篇的文章與白皮書討論過了，所以在此無法粗略概述。我們能說

執行 OKR，帶出強團隊
Objectives and Key Results

的就是策略對 OKR 至關重要，因為在 OKR 的創立上，策略都是最初的背景脈絡。所有 OKR 都應該直接從策略轉化而來，所謂的策略就是為了成功建立或捍衛競爭激烈的市場而制定的作戰計畫。因此，我們會期待你先讓策略到位再開始實踐 OKR。

如果你讀到這裡就心想：「嗯，我想吉姆（或辛蒂或執行長的名字）知道策略是什麼。」那麼你就有麻煩了。要是策略沒有廣泛傳達出去並獲得理解，就試圖設立一套穩健的 OKR，那就好比船沒了舵，肯定會偏離航道，引領整個團隊進入迷霧之中。

如果你的公司比較年輕、比較企業化，還採行精簡敏捷的概念，而你習慣快步調的軸轉與試驗文化，覺得老派的策略規畫很討厭，那麼可能會很想跳過這一節的內容。然而，策略不是你想的那樣。核心策略可劃定界限，在你面臨機會之海時，有助於判定哪些事不該做，這點的重要性不亞於判定哪些事該做。此外，還有助於選出可行的機會、保持專注、使公司上下都契合，做出必要的投入以利執行。[15]

我倆其中一人——保羅——寫了一篇管理故事，藉此說明研擬策略的方法。本章最後一節會摘要說明。保羅設立策略的方法是以四大問題的答案為基礎。如果明確的策略沒有到位、沒有廣為宣傳、沒有獲得全體理解，在此十分鼓勵你召集團隊，並回答下面的問題。

98

藍圖策略 ── 策略規畫問題的解答

保羅在撰寫《藍圖與啟示》（*Roadmaps and Revelations*）這本策略規畫管理書籍前，審視過數以百計的策略計畫，他翻遍了麥可‧波特（Michael Porter）、亨利‧明茲伯格（Henry Mintzberg）、麥可‧雷諾（Michael Raynor）、金偉燦（W. Chan Kim）、芮妮‧莫伯尼（Renee Mauborgne）等人的作品。在這過程中，他不斷自問，哪些核心要素反覆出現？實際上象徵有效策略規畫 DNA 的是什麼？策略規畫法數以百計，但他調查過後得出一組問題，在他找到的所有素材中，幾乎都有這組問題。這些核心問題奠定了藍圖策略[16]的基礎，保羅在書中記載了過程。如你所見，該過程的名稱源於書名。

圖表 2.6 是該過程的概覽，有四大策略問題，圖形的外圈是我們所稱的四大透視法，各個透視法有助你回答四大策略問題。位在圖形中央的當然是文字策略，而四大問題和附隨的透視法是為了推動策略的形成。

四大策略問題

現在逐一檢討四大問題，從第一個問題開始。

是什麼推動我們往前邁進？

在這一刻，你多年來對每件事 ── 如何配置財務資源、雇

用哪些人、如何採用技術——所做的決策，形成一股力量，推動貴單位往某個方向邁進。就許多方面而言，推動你往前邁進的理由正象徵著貴公司的認同感；換句話說，假如有人說：「他們是一家_____的公司。」這句話的空白處往往是在形容那個推動你往前邁進的理由。經驗證，抱持獨有的認同感，股東總報酬（Total Shareholder Return, TSR）會隨之增加。有一項研究顯示，在以三年為期的 TSR 成長表現上，擁有「明確」認同感——亦即長久支持某樣獨特又堅定的事物——的公司勝

圖表 2.6　四大策略問題

（圖：社會／文化、人文、財務、技術四大面向環繞。內圈四大問題：是什麼推動我們往前邁進？、我們販售什麼？、我們要以何種方法販售？、我們的顧客是誰？，中心為「使命」。）

過於缺乏明確認同感的公司。[17]

　　通常推動大多數公司的是以下六種力量其中之一：

- **產品與服務**：受產品與服務推動的公司或許會使用各式各樣的通路，向眾多不同客群銷售，但這類公司的重心還是放在核心產品或核心服務上。想想可口可樂公司，該公司的重心只放在非酒精飲料上，有數以百計的全球品牌。

- **顧客與市場**：以顧客與市場為重心的企業可能會提供多種產品或服務方案，但這類企業的服務對象是某種核心顧客。嬌生公司的商品五花八門，卻有一項共通點：商品全都是瞄準核心市場 ── 醫師、護理師、患者、母親 ── 的需求。

- **容納人數或能力**：旅館的重心在於容納人數。旅館有一定數量的空客房，而旅館的目標就是客滿，就這麼簡單。航空公司也是以同樣的前提在運作，空的機位要滿座才行。被能力推動向前的公司具備某些領域的專業技能，並把這套技能應用在任何一種適合的產品或市場上。

- **技術**：有些公司能運用專利技術，應用在好幾種產品和客群上。想想杜邦公司，該公司在 1930 年代發現尼龍，然後應用在各種產品上，例如釣魚線、絲襪、地毯等。

- **配銷通路**：這項重心的關鍵詞是**方法**，不是**內容**，也不是**對象**。被銷售通路推動的公司會經由其選擇的通路推銷各

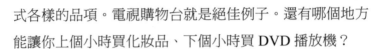

式各樣的品項。電視購物台就是絕佳例子。還有哪個地方能讓你上個小時買化妝品、下個小時買 DVD 播放機？

- **原料**：如果你是石油公司，那麼你賣的每樣物品都是源自於地底抽起的黑金。你或許有技能與技術把石油製作成好幾種物品，但所有物品都直接出自最初的原料。

有些人看了前述六種領域，可能就會聲稱自己能做、也必須做這六種領域，才能在競爭激烈的市場取得成功。雖然理論上應該行得通，但同時從事六種領域往往落得各領域都只懂一點皮毛，要全都精通肯定萬分困難。此外，原本就有疑慮的員工更會心生困惑，在其他機會現身時，不曉得該選擇哪條路。終歸到底，注重一切就等於什麼都不注重，最後也沒達到最滿意的成果。

為了真正利用這項準則的優點，你必須為了貴單位，只投入在一種動力上，並依據這個決定來調整資源、人力、財務。你要判定是哪股動力推著你往前邁進，然後著手讓這股動力變得更加完善。

我們販售什麼？

無論六種領域中，是哪種在推動公司往前邁進，你肯定是在把某樣物品——由產品或服務組成的商品——賣給顧客，好讓企業繼續存活下去。該問題本身的難處在判定將來哪些產品

與服務是重點,哪些不是。

以美國有線電視頻道 The CW 為例,時代華納公司(Time Warner Inc.)和 CBS 公司這兩間母公司在推出 The CW 這個新的電視網時都期望很高,可惜成果不佳,不久就有傳言說 The CW 會停業。CW 明白這時不得不選擇因應的策略了,於是回到根本,決定把重點放在收視對象為年輕女性的節目上。前 CW 娛樂長黛溫・奧斯崔弗(Dawn Ostroff)當時負責因應這項變革,她表示:「我們真的很需要在市場上脫穎而出,不能當普通的電視台……我們一定要做到差異化,打造出能真正傳承下去的品牌。」

CW 把將來都壓在《花邊教主》(Gossip Girl)、《新飛越比佛利》(90210)、新版的《飛越情海》(Melrose Place)、《噬血 Y 世代》(Vampire Diaries)等電視劇上,內容都跟年輕女性有關。近年更是推出《貞愛好孕到》(Jane the Virgin)和《瘋狂前女友》(Crazy Ex-Girlfriend),可見這個慣例仍持續至今。

我們的顧客是誰?

你在決定銷售對象時,再次面臨抉擇。「我們將來更要著重哪些客群(和地域)?不要著重哪些客群(和地域)?」要回答這些問題,第一步就是檢討淨推薦分數、客群獲利力、客戶留存率、市場占有率等標準指標,明確了解目前的客群。此

外，也務必站在顧客角度來體驗事情，藉此獲得公司總部裡看不到的見識。

掌控 30 個品牌——含經典的 MAC 和倩碧（Clinique）——的高級美妝公司雅詩蘭黛（Estée Lauder）就檢討了前述問題，隨後選出對應的策略。雅詩蘭黛執行長傅瑞達（Fabrizio Freda）做出決定，雅詩蘭黛有將近三分之一的銷售量仰賴美國的百貨公司，所以第一優先事項就是讓雅詩蘭黛別再那麼依賴表現疲弱的美國百貨公司。同時間，雅詩蘭黛投入全新的地域重點，打算更著眼於新興市場和亞洲。

對於「我們販售什麼？」和「我們的顧客是誰？」的問題，答案往往一致，因為只要對其中一個問題加以分析，就會因此對另一個問題有深入的了解，最終兩個問題的答案就此成形。再次思考 The CW 的例子吧！選出因應的策略，提出以年輕女性為對象的計畫（我們販售什麼？），就等於是在努力把年輕女性當成核心客群。

我們要以何種方法販售？

在四個問題當中，這題或許最重要，畢竟這個問題可確立價值主張。換句話說，你要以何種方法為顧客提升價值？更簡單來說，別人為什麼要跟你買？儘管這個問題至關重要，但眼前的選擇其實有限又基本，要不是設法為顧客提供最低的總體擁有成本*，就是推出**差異化**的產品或服務。

　　在最低總體成本方面競爭的公司，會大量投資在能力、流程、資產上，藉此達到營運的標準化，並制定出可反覆施行的方案，最終得以讓消費者享有低價。想想零售業的沃爾瑪、速食業的麥當勞。

　　選擇用差異化的方法競爭，有兩種方法。第一種是跟顧客培養深厚又豐富的關係，藉此奠定差異化的基礎，不著眼於單一的交易，而是打造出可維持數年甚至數十年或終生的情誼，此舉稱為「貼近顧客」（customer intimacy）。諾斯崇百貨公司（Nordstrom）即是絕佳例子，該公司的客服享有盛名，讓顧客回購多年。

　　第二種差異化方法是以產品的優異功能作為競爭基礎。創新的尖端設計與功能，還有最新的技術，是 Apple 等公司具備的特徵，這類公司選擇以產品領導力作為銷售基礎。

　　如前文所述，假如必須選出你團隊眼中最重要的問題來取得共識，那肯定就是這個了。就許多方面而言，該問題總結你對前述問題提出的答案，還直接左右你往前邁進時做出的每一項決策、每一筆投資。

---

* Total Cost of Ownership（TCO）：一種財務估算，旨在幫助買家和擁有者決定某項產品或系統的直接與間接成本。

何謂四大透視法？

那麼，你怎麼回答這些策略問題？在藍圖策略圖的外圈，就是我們所稱的**四大透視法**。你可經由四個面向去思考你在想的問題，或從不同角度深入思考其他的選擇。

你在考量各大問題時，可以把外圈的「撥盤」轉到另一個面向。那就像是在轉動保險箱的撥盤，只不過在轉著保險箱撥盤時，正確的數字組合只有一個，至於四個面向，問題與面向的各種組合都是贏家，因為全都是以啟發人心的全新方法來挑戰你。四大透視法摘述如下：

- **社會／文化**：在《藍圖與啟示》中，某位老師人物說：「你一定要從心開始。」討論及爭論策略問題時、研擬可能的答案時，想想哪個答案最呼應公司熱忱。舉例來說，如果公司受專利技術推動，向來擁有長久又光榮的技術成就，員工對此自然引以為榮，那麼站在社會與文化的觀點，要是把重心轉移到顧客與市場或其他領域，就完全沒道理了。若有證據顯示這類轉移能帶來莫大的成功，那麼數據的數量最好十分可觀，足以凌駕人員內心的想法。

- **人文**：爭論策略問題的其他答案時，務必要以無情又現實的眼光去看待團隊的技能與才能。你可能因團隊裡有三個人熱愛衝浪就想賣衝浪板，但要是業務專員從沒去過海邊，那麼成功的機會就變很小了。在此例中，要轉變走

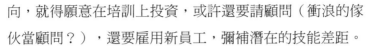

向，就得願意在培訓上投資，或許還要請顧問（衝浪的傢伙當顧問？），還要雇用新員工，彌補潛在的技能差距。

- **技術：** 技術已經成了幾乎每種產業背後的重要推手，因此你在回答四大策略問題時，必須仔細考量技術因素。你思考的答案需要投資新技術嗎？你目前採用的技術呢？會不會變得多餘？務必要體認到這四個面向彼此間的影響。新技術可能需要用到新技能，也就是人文面向。在推廣的項目當中，技術可說是極具威脅性的項目，對季節工而言尤其如此，所以最好能充分理解你的文化與社會面向。

- **財務：** 在四大透視法之中，這或許是最基本的，卻絕對不容忽視。你在回答四大問題時，所做的每個決定都很可能牽涉到資源配置，例如：培訓人員來彌平技能落差（人文面向），投資新技術（技術面向），打造宣傳活動來支持你選擇的方向（社會／文化面相）。在總帳的另一側，每個決定都必須接受檢驗，並考量到從事該做法後可能帶來的營收與利潤。

前文已提過策略執行方面的可悲數據，此處就不再重提，但你肯定還記得數據低得嚇人。數據之所以不佳，其中一個理由或許就在於許多公司雖不願承認，但其實並沒有策略。他們可能有某種指導方針或有初步的商業計畫到位，卻永遠沒有花時間、花大量心力去建構實質計畫。再說一次，如果這段描述

文字符合貴公司的情況，建議你召集團隊，利用前述簡單卻強大的問題，找出獨有的策略方案。

第 3 章

打造有效的
OKR 策略

奧馬哈 —— 開始行動！

此處所說的奧馬哈（Omaha）並不是美國內布拉斯加州（Nebraska）的城市，也不是 1944 年 6 月 6 日盟軍在諾曼第（Normandy）登陸的海灘。此處的奧馬哈出自前陣子退休的美式足球傳奇四分衛培頓·曼寧（Peyton Manning），他在職涯最後幾年多次於攻防線說出「奧馬哈」。

就算你不是美式足球迷，應該也多少聽過曼寧的名號。他在美國國家美式足球聯盟（National Football League）的傳球達陣次數、傳球碼數、贏球次數等方面，堪稱前所未有的領先者。曼寧的準備作業是出了名的一絲不苟，他走近攻防線，觀察防守方，等準備就緒後，就大喊：「奧馬哈。」然後，球發了出去，比賽開始。曼寧為了大幅提升所屬球隊的成功機會，都會等充分準備好利用防守方展現出的弱點，再大聲喊出來，表示可以發球了。

我們就要對你喊出奧馬哈了。在開始運用 OKR、享受第一章吹捧的眾多優點前，必須先做好準備，還要能創立穩健、有效的 OKR。本章會說明做法。那麼，比賽真的開始了！

此處會確切說明創立 OKR 需具備哪些要素。明確來說，就是會概述優良 OKR 具備哪些特性，並提供一些訣竅，讓工作變得更簡單，還要提醒你哪些缺點會對有效的 OKR 造成妨礙。本章說明的主題，部分列舉如下：OKR 與健全度指標之間的差

異、如何進行 OKR 評分、應該多常設立 OKR、多少個 OKR 才算合適,當然還有具體的 OKR 創立方法。如果你想知道的話,曼寧從來沒透露他大喊「奧馬哈」的原因,而且看來退休後也不會說出這個祕密。不過,到此你也該知道我們為何會使用「奧馬哈」了。準備好了沒?奧馬哈!

設立強大的目標

想想第 1 章替「目標」一詞下的定義:目標是精確的宣言,概述了宏大的品質化目的,以推動公司朝想要的方向邁進。基本上,目標探問的是:「我們想做什麼?」表面上看來,多數人不會這樣稱呼那麼費腦力的概念。然而,根據我們因應世界各地客戶的情況,以及跟其他思想領袖與顧問的對話,許多公司在設立高價值目標時,顯然都是跌跌撞撞。做出艱巨的選擇是很困難的(或許就因為如此,美國人在選電視上花費的時間才會比開立退休帳戶還要久[1]),公司往往想也不想就選擇平庸的目標,那種目標不太能推動公司大步邁向策略的執行。

剛採用 OKR 的公司會面臨一道難關,就是缺乏實踐的環境,他們會不由得想:「什麼才算是好的目標?」為了幫助你克服潛在阻礙,我們一開始會概述幾項標準,你在建構目標時

應謹記在心。

要能鼓舞士氣

寫得好的目標不光是把一些字串連起來，藉此說明企業目標。任誰都能把片段的商業行話給湊在一起，集中起來就能代表你想做的事。然而，我們要請你打造出更宏大、更大膽的事物。你的目標應該要以訊息傳達的鼓舞力量為基礎，推動大家邁向標準更高的績效。大家不得不隨著目標帶來的挑戰和激勵轉變思維。Upserve（舊稱 Swipely）公司運用人工智慧協助餐廳改善績效。執行長安格斯・戴維斯（Angus Davis）領會了鼓舞士氣的精髓，他這麼說：

> 你明知 10％的改善是能力所及，卻還是說想達到
> 10％的改善，這樣是不夠的。也就是說，你只不過是
> 一直做著同樣的事，只不過比以前努力一點罷了。不
> 過，假如我對你說，你做的事要達到 50％的改善，那
> 麼你可能會說：「唉，要做到那樣，我就必須徹底解
> 決這個困難問題。」或說：「我必須徹底重頭思考 X
> 或 Y 要怎麼處理。」而這就是 OKR 應該要發揮的作
> 用。你提高了目標，就會更努力思考自己需要採取哪
> 些步驟，才能真正完成某件事。[2]

要能辦得到

　　這一項緊接在「鼓舞士氣」的後頭，絕非偶然巧合。設立可行的目標時，要在靈感與現實間找到平衡，這堪稱為一大試煉。在此鼓勵你在設立目標時，督促員工突破想像力的限制，但還是請意識到限制的存在，要是跨越了界限，造成的損害會對貴公司格外有害。

　　「目標抓狂了」（Goals Gone Wild）這個研究的名稱很巧妙，作者群發現過度嚴苛的目標會產生好幾個副作用，例如侵蝕文化、降低動機、想從事有風險或不道德的行為等。還有另一項研究顯示，經理若認為自己追求的目標難以達成，就更可能虐待部屬。正如前述作者所指出，那就像是你惹出麻煩，公司就去欺負底下的員工。[3] 雖然在評估目標能否達成時，並沒有不變的規則要依循，但若能本著向大眾學習的精神，聽取重要員工提出的意見，確實有助做出決策。

要是一季可完成的事項

　　本章稍後會討論 OKR 的頻率，但在此假設你是每季設立目標，那麼你想推動的會是接下來三個月確實能完成的事。如果草擬目標後，團隊都認為可能要花一年才能實現，那麼你研擬的內容應該比較近似策略或甚至是願景。雖說各有其重要性（如第 2 章的論述），但還是必須根據你決定的步調，對目標設下時限，頻率很可能是每季。

前陣子，我們跟某位客戶合作，客戶的傳播部研擬了以下目標：「經由傳播方式，讓賣方獲得更大的成就。」這句話其實近似使命，亦即該部門的核心宗旨。儘管商業模式有所改變，但他們總是想經由傳播方式，讓賣方獲得更大的成就。這顯然不是那種 90 天完成了就能忘掉的事情。

要能由團隊掌控

無論是誰草擬目標，無論是公司層級、事業單位層級、部門層級、團隊層級，還是個人層級，都必須能夠掌控成果才行。OKR 務必要能促成跨部門的合作（第 4 章會探討此主題）；然而，你在設立新目標時，必須清楚體認到自己就具備了可落實目標的方法。如果一季結束時還沒達到目標，而你第一個念頭是：「嗯，沒達到銷售額，我們沒達到目標。」那麼你就是沒體會到精神所在。

要為企業帶來價值

標準愈明顯，我們的描述會愈簡短，就好比這項標準。目標應該從策略轉化而來，要是達成就能為企業帶來實質價值。如果到頭來無法保證企業獲利，就不太需要花費必要資源來完成目標。

圖表 3.1　有效目標之解析

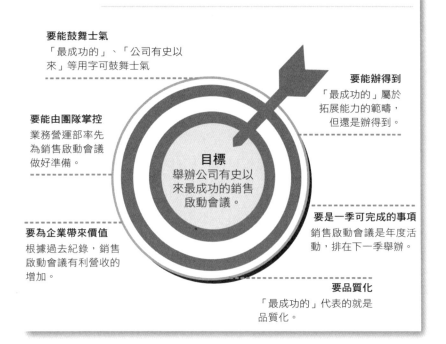

業務營運部設立此目標，是為了讓自身團隊專心為每年的銷售啟動會議做好準備。

要能鼓舞士氣
「最成功的」、「公司有史以來」等用字可鼓舞士氣

要能由團隊掌控
業務營運部率先為銷售啟動會議做好準備。

要為企業帶來價值
根據過去紀錄，銷售啟動會議有利營收的增加。

目標
舉辦公司有史以來最成功的銷售啟動會議。

要能辦得到
「最成功的」屬於拓展能力的範疇，但還是辦得到。

要是一季可完成的事項
銷售啟動會議是年度活動，排在下一季舉辦。

要品質化
「最成功的」代表的就是品質化。

要品質化

　　這項標準特別簡短。目標應該呈現出你希望完成的事項，因此要以文字表達，不以數字表達。數字的應用可從關鍵成果充分傳達出來（見圖表 3.1）。

設立目標的訣竅

前一節的內容列出你建構的目標應具備哪些特性。為幫助你做到這點，在此收集幾項訣竅和務實的建議供你考量。

要避開現狀

此處的建議合乎前一節討論的內容，亦即確保你設立的目標既能鼓舞士氣，又能為企業帶來價值。一律要找出你得徹底發揮能力才可達到的那種新目標。因此，應該要避開只是重複做著已經在做的事，比如：「維持市場占有率」或「持續培訓員工」。如果你的工作方式幾乎不用改變就能完成目標，那麼在推動企業向前方面，很有可能會成效低落。

使用清楚易懂的問題

我倆都見識過公司會議室往往獨有的無止盡爭論，你肯定也經歷過很多次吧！話語在空中反覆來回，手邊的事卻少有進展。要釐清這種混亂狀況，最好的方法往往是以真誠的態度簡單提出這個問題：「你說……，那是什麼意思？」

設立目標時，一連串的想法和概念具有某種價值，卻往往用含糊不清的措辭包裝起來。舉例來說，如果有人提議說，你必須「為我們的顧客創造價值」，那麼你就要擔任 OKR 人類學家的角色，還要設法查明對方提議的具體細節。對方是指某一

部分的顧客？還是所有的顧客？在這個背景脈絡下，價值指的是什麼意思？從抽象的想法提升到具體的細節，就能挖出你需要著眼的真正目標。

用正面的語言表達目標

理想上，你的團隊應該要覺得一定要努力達成你設定的目標。因此，你應該仔細思考自己該如何表達目標。根據研究顯示，我們人類與其避開不想做的事，不如做到自己想做的事，這樣會自在許多。舉個例子，假設你想改善飲食習慣，你構思目標時，會有兩個選擇。你可以說：「減少我吃進的垃圾食物分量。」也可以改成這種說法：「從健康食物那裡攝取更多卡路里。」選擇後者的話，就不得不研究健康食物，找出你想試試看的食物，最終就更有可能成功。

若能用正面的語言表達，那麼不但有望打開額外的創意空間，還能在追求目標時提高適應力。

使用簡單的規則

前陣子，某項研究實驗了一些做法來激起 180 位中國高中生的創意。研究人員要高中生做兩件事，第一件是完成一則故事，第二件是用貼紙拼貼成一幅畫。受試者分成三組進行。對第一組，就是直接交給他們任務；對第二組，則下達額外指示：「請設法發揮創意。」對第三組，除了交付任務以外，還

對完成活動的方法給了簡單具體的規則，例如：「因應材料形狀大小，折疊或撕開貼紙。」有四位評審負責評估創意，結果發現有簡單具體規則的第三組表現得最有創意。

有了具體的指示，高中生就有了起點，創意也能獲得引導。[4] 雖然腦力激盪還是受歡迎的方法，可是從空白的畫布從頭開始作畫，實際上有可能不知如何是好，還會抑制創造力。你在著手開始設立目標時，應草擬出自己的一套簡單界限。你或許會想列出一份涵蓋前一節講述有效目標特性時提到的項目的檢核表來做為開始的起點。

目標要始於動詞

這項建議十分基本，卻經常受到忽視。目標是精確的宣言，概述了宏大的品質化目的，以推動公司朝想要的方向邁進。當中含有動作的意思，因此各目標務必始於動詞，用以表示動作和想走的方向。基於簡單扼要的理由，有些公司會把目標截短。以看似無害的**顧客忠誠度**為例，如前文所述，「顧客忠誠度」與其說是實際目標，不如說是模糊不清的希望，不太能明確指示員工應採取哪些動作才能達到目標。公司想不想大幅提高忠誠度、奠定忠誠度、運用忠誠度？這三者相當不同，採取的動作也不同。有了動作動詞，目標就變得生動起來。

知道是什麼在阻礙你 [5]

　　1841 年，美國肖像畫家約翰・戈夫・蘭德（John Goffe
Rand）在倫敦面臨了令人喪氣的難關，如何才能讓油畫顏料
不在使用前乾掉，當時的油畫家無不為此苦惱。蘭德和同時代
的油畫家能採用的最好辦法，是使用豬膀胱，再用線封好。畫
家要用顏料，就用大頭釘刺破豬膀胱，但刺破後當然無法徹底
封住，再次引發同一個令人苦惱的問題 —— 顏料過早乾燥。此
外，豬膀胱也不方便攜帶，往往會爆開，當時還很昂貴的顏料
就這樣浪費掉了。

　　蘭德對這個問題展開大範圍研究，想出解決辦法：錫製
顏料管。雖然錫製顏料管很慢才普及起來，但最後經證明，印
象派畫家要逃離工作室、捕捉周遭自然界帶來的靈感，需要的
正是錫製顏料管。多虧蘭德發明方便攜帶的顏料管，有史以來
畫家首次能在現場畫出作品，無論是在咖啡館、花園，還是水
灣，都能盡情作畫。

　　顏料管也讓用色產生革命性的變化，鉻黃、翡翠綠等耀
眼新色的生產及盛裝，變得可實行又負擔得起，畫家可完整呈
現任何一刻的壯麗情景。這項發明至關重要，雷諾瓦（Pierre-
Auguste Renoir）曾經說：「沒有顏料管裡的色彩，就沒有塞尚
（Paul Cézanne），沒有莫內（Oscar-Claude Monet），更沒有
印象派。」[6]

　　這則故事的寓意就是找出問題並克服問題，這樣就能改善

處境，而適合用在印象派畫作的道理，也適合用在目標上。考量可能的目標時，請自問，哪些問題會阻礙你執行策略？直接探究哪些問題會讓你無法成功執行，可說是你在設立目標時的絕佳起點。

使用白話讓大家都理解

雖然這點在別處就已經強調過，但還是值得在此重提一遍。現代商業環境具有許多職能特性，因此專家很容易就會提出充滿難懂詞語的目標，只有專家及同僚懂得解譯。在你不想避開可精準表達目標精髓的詞語的同時，應該也要選擇大家馬上能懂的用語，好讓大家普遍理解目標內容，理解目標為何重要。另外，建議審慎使用縮寫，如果要用，務必確保大家都懂。

目標說明 —— 執行目標的備忘錄

依照前一節提出的建議進行，就能確保你選擇的目標已準備好為你的事業帶來立即價值。最後一項建議著眼於使用白話，確保大家都理解目標。然而，根據我們的經驗，即使你設法把目標設得盡量簡單（且不流於簡化目標），目標的意義和它跟你目前所處商業情境的關係可能不會立刻明顯浮現。基於這個理由，建議你為各個目標撰寫簡短的說明文字。

目標說明要能明確傳達目標的意思，確保所有讀者對目標涵蓋的內容確實都同樣理解。目標說明不該流於冗長，在多數情況下，幾個句子就差不多很充分了。目標說明會摘述目標何以重要，該目標跟公司層級目標的關係是什麼，有哪些具體的依存關係，為達目標應支持或倚賴內部顧客。把目標說明想成是目標存在的根本理由，就像是給執行長的備忘錄，說明該目標何以應該存在。

如果你基於效率，很想跳過這個步驟，在此提出一項非常實際的理由，說明你應花費相當少卻又必要的時間，來擬定目標說明。根據你的實踐時間線，你可能會在同一個工作坊同時設立目標與關鍵成果。然而，你也可能把這兩件事分成兩、三次處理，先設立目標，留一些時間思考你研擬的目標，聽取別人的意見，然後再進行必要的調整。如果你是這樣做，等你再召開會議草擬關鍵成果時，往往會發生一件有趣的事情。

你會詳細安排對目標的討論，才剛理解關鍵成果就急著把關鍵成果的工作給分派出去，可是其實不記得自己當初設立目標時是指什麼意思。這純粹是人性使然，如果你的部分目標有很大的詮釋空間，例如「增強生產力」，就尤其會發生這種情況。雖然有些籠統的主題需要長時間討論，但你話裡意思的具體性質和語調可能會叫人摸不著頭緒，因此要寫出有效的關鍵成果，幾乎不可能。為確保不會發生這種情況，建議你一同意納入目標，就立刻草擬說明文字。

有效關鍵成果的特性

前幾節深入探討目標領域，細究應遵循的標準，還說明設立目標的訣竅。但目標當然只是 OKR 原則的一部分。後續頁面會討論相當於目標的重要項目：關鍵成果（見圖表 3.2）。

第一章把關鍵成果定義成一種量化的宣言，用以量測目標的達成狀況。如果目標是問：「我們想要做什麼？」那關鍵成果就是問：「我們如何才能知道自己是否達成目標？」聽起來夠簡單了，Fitbits 和其他穿戴式裝置興起後，現在大部分的人更覺得追蹤成果是相當自然的事。

然而，為你的事業設立有效關鍵成果，藉此精準評量你的目標進度，有時經證實根本難以達成。無論問題是源自模糊又難以量化的目標，還是難以想像的關鍵成果根本就不能精準表達目標，總之要是沒有完善指標讓你負起責任，你就無法獲得 OKR 原則承諾的好處。因此，正如我們在目標那裡所做的，下面簡要說明幾項標準，供你在創立關鍵成果時遵循。

目標要量化

目標向來都是品質化的，用以代表想從事的行動；而關鍵成果一定是量化的，這樣就能運用數字，很有信心地判定自己有沒有達到目標。數字可以是原始的數字（你的網站的新訪客數）、金額（新產品的營收）、百分比（老顧客百分比），

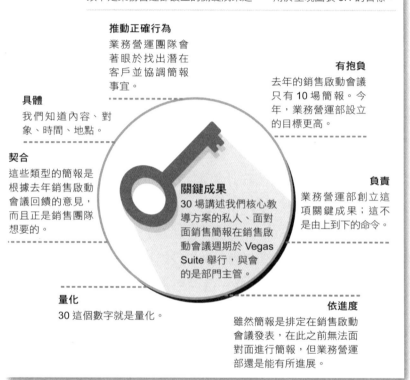

圖表 3.2　有效關鍵成果之解析

以下是業務營運部設立的關鍵成果之一，用於呈現圖表 3.1 的目標。

推動正確行為
業務營運團隊會著眼於找出潛在客戶並協調簡報事宜。

有抱負
去年的銷售啟動會議只有 10 場簡報。今年，業務營運部設立的目標更高。

具體
我們知道內容、對象、時間、地點。

契合
這些類型的簡報是根據去年銷售啟動會議回饋的意見，而且正是銷售團隊想要的。

關鍵成果
30 場講述我們核心教導方案的私人、面對面銷售簡報在銷售啟動會議週期於 Vegas Suite 舉行，與會的是部門主管。

負責
業務營運部創立這項關鍵成果；這不是由上到下的命令。

量化
30 這個數字就是量化。

依進度
雖然簡報是排定在銷售啟動會議發表，在此之前無法面對面進行簡報，但業務營運部還是能有所進展。

或任何其他一種量化的表現形式。關鍵成果的進度永遠不該是見仁見智的事情，因此數字才會是如此有效的方式。至於你有沒有達成目標，只要看數字就能釐清困惑，從客觀角度認清事實。但數字的功用不只是評估進度而已。正如前任谷歌人與 Flipkart 現任幕僚長尼柯特・德賽（Niket Desai）在這個故事中

所說的，數字也可以用來刺激創新思維。

　　當時跟我合作的公司對於讀者、部落客、廣告商這三種參與者採取標準的網頁發布模式。該公司發現每次的宣傳活動都能帶來更多讀者，聽眾從而增加，然後廣告商就會花更多錢，設立有效又能快速增加營收的週期。雖然我們意識到自己需要更多宣傳活動，但是也留意到大多數的廣告商只會舉辦一次宣傳活動。於是，我們的成長目標納入下列兩項關鍵成果：

* 兩週內有 50％的註冊者舉行宣傳活動。
* 平均每位廣告商的宣傳活動次數從一提高到五。

　　為了增加平均宣傳活動次數，我們必須轉變思維。

　　我們有了個想法，第一週內舉辦的宣傳活動可享有折扣優惠，於是吸引許多企業重複舉辦宣傳活動。營收從而大幅增加，因為那些公司購買首次優惠宣傳活動後，又購買了三到四次的全額宣傳活動。測量數據層面會引起特別關注，比籠統的改善宣言還要更有成效。品質化的成果很難達到大量，也十分主觀。[7]

對成果要有抱負

　　多年的目標科學研究結果相當清楚明確又具有說服力：提高標準就能改善工作績效並提高滿意度。[8] 反之，你要是決定草

擬那種容易達到的成果,就可以預期會達成,但之後的動機和
活力水準很可能會降低。由此可見,草擬關鍵成果時,最好能
突破限制,刺激團隊轉變思維,如前一節尼柯特‧德賽所言。
然而,在此要明確提醒(在目標能否達成的那一段曾經提及這
點),務必確保成果最終是可以達成的。要安穩走在這條鋼索
上,就要以有效的評分法來評量關鍵成果,本章稍後會探討這
個主題。

目標要具體

　　如果想促進團隊間的溝通,避免不必要又有害的模糊用
語,在撰寫關鍵成果時,就必須採用清楚易懂的措辭和概念,
確保大家具有共同的理解。在此舉個例子,要是沒有具體確切
說明關鍵成果的用語是什麼意思,就有可能發生以下情況。某
家公司的執行長在關鍵成果方面堅持以「100％的使用個案都放
在新平台上」作為 OKR 的一部分。

　　IT(即「資訊科技」)部門負責把使用個案放在新平台
上,卻不曉得執行長口中所說的**使用個案**是什麼意思,於是對
於執行長所提出的要求,IT 部門根據自己有限的理解,就盡
量把使用個案給放上去了。季末,執行長問:「我們做得怎麼
樣?」IT 部門回答:「很好!我們把所有的使用個案都放在上
面了。」想當然爾,IT 部門張貼的內容跟執行長所說的使用個
案毫無關係。這樣很浪費時間心力,對 OKR 的投入也很可能白

費一場，但只要在草擬過程開始時進行一些簡單對話，就有可能輕鬆避免白費心力的情況。

人員要積極參與過程 —— 負責

前一個例子中，關係人士還沒充分理解，高階主管就逕自設立關鍵成果，這樣可能會發生一些問題。在該例中，雖然 IT 部門擔負了關鍵成果的責任，實際上卻沒有關鍵成果的「所有權」，這正是主要差異。

負責落實關鍵成果的人員都必須積極參與過程，尤其要參與設立過程。你在某件事的設立過程出力幫忙，肯定會更有準備（也更願意）執行那件事，畢竟你塑造出的目標是基於大家對所需成果的共同理解，再加上你也有意願尋找創新的達成方法。大部分的 OKR 應該源於你這位 OKR 負責人，不該源於公司命令。在實務上，我們期望 OKR 的設立是由上到下、由下到上，這點在第 4 章會進一步討論。

要依進度邁進

哈佛大學教授泰瑞莎・艾默伯（Teresa Amabile）提出「進展法則」（The Progress Principle）一詞，並以此為主題書寫大量作品。根據進展法則：

> 所有可在上班日期間增進情感、動機、觀點的事

物中，最重要的是在有意義的工作上有所進展。人們愈常體驗到有所進展的感覺，愈有可能長期富有創意又成效高。無論是設法解決重大的科學謎團，還是單純生產高品質的產品或服務，只要每日有進展，就算是小贏而已，人的感受和表現都會變得截然不同。[9]

這項研究結果對關鍵成果產生重大影響。關鍵成果務必要經得起檢驗，要能經常呈現進度，頻率是至少每幾週一次。如果要到該季最後一天才知道自己有沒有達到關鍵成果，就等於沒機會藉由頻繁的查核來增強動機與投入度。

縱向與橫向要契合

第 4 章會更詳細說明「契合」這個主題。現在則是強調務必在團隊內、領導階層內檢討關鍵成果，確保關鍵成果縱向契合；還要就你依賴的對象或依賴你的對象，跟團隊分享並檢討，確保關鍵成果橫向契合。

推動正確行為

有好幾個名言佳句跟評鑑績效有關，或許最為人所知的就是：「量測什麼，就會得到什麼。」實際情況也通常如此。你一旦把隱喻之光打在某樣東西上，就必定會受到它吸引，更加注意它。為了達到你設立的目標而付出的努力，有時可能會只

專注在一個點上，運氣好的話最多僅造成決策不健全，但要是不加以約束，可能還會引發不道德的行為。基於這個理由，建議你審慎考量自己為達關鍵成果而採取的行為，畢竟有些行為可能會危害他人。在此舉個例子，我們有位同仁說了某位速食業客戶的故事，儘管其立意良善，選擇的措施卻會導致悲慘的結果。

　　該公司發現旗下餐廳在營業時間結束後，丟棄大量煮好的食物，此舉顯然有損利潤。為了終止這類有損利潤的做法，該公司制定效率量測法，把各家餐廳每天丟棄的食物量列成排行榜。聰明的經理人可不想因績效不佳受到責難，於是立刻想了個辦法，確保自己管理的餐廳在量表上獲得高分。如果餐廳是午夜結束營業，那麼晚上 11 點到午夜 12 點之間，除非有顧客上門點餐，否則一律不烹調食物。這樣結束營業時，會剩下廚餘的可能性就很低了。

　　如此一來，顧客當然再也無法體驗到「高效率炸雞」的熱忱，一發現餐廳實際上把「速食」的「速」給去掉後，沒多久顧客就不上門了。雖然這種量測法是基於崇高的動機，但引發的行為經證實完全適得其反。

創立關鍵成果的訣竅

　　本章已經把一堆資訊都塞給你了，不過還有更多資訊要跟你分享。如果你覺得大量資訊好比消防水帶直接對準你噴水，那麼試著別把這個經驗看成是自己被水攻擊，而是在炎熱夏日有清涼的水可以讓自己冷靜下來。我們的用意不是要用資訊淹沒你，而是要讓你獲知所有必要資訊，制定出一套 OKR，協助公司轉型。這幾節內容列出的標準與訣竅，是制定最有效的 OKR 時必不可缺的要件。在旅程的這個階段，就以研擬關鍵成果時應謹記的一些務實訣竅作為結語。

區分關鍵行動與日常業務

　　此處的練習不是用來詳細列出下一季各種想得到的行動，藉此證明你工作過量、負擔過重。相反的，是一種策略上的努力，用以強調貴企業最重要的價值推手並充分運用。舉例來說，如果上一季雇用 10 個人，打算下一季再雇用 10 個人，那就別把「雇用 10 位新進人員」列為關鍵成果，那只不過是普通的業務表現。雖說額外的人力有助提高生產力，最終也能加快策略執行速度，但這並不屬於關鍵成果，畢竟關鍵成果會要求團隊有創新思維，也會要求團隊拓展能力。要持續特別強調一點：列出的關鍵成果要能用來表示你在目標上的實際進度。

說明成果，不說明事項

此項跟前一項相關，你的目標是單獨列出關鍵成果，而非列出一份事項清單或活動清單。為了清楚區分兩者，當我們說事項，是指往往一、兩天就能完成的事，屬於待辦清單範疇。「寄電子郵件給潛在客戶」、「跟新任業務副總會面」是事項，不是關鍵成果；「在管道增加 25 個合格商機」是關鍵成果。

要獲得成功，就必須具備解決問題的能力以及專注力。要區別事項與關鍵成果，就看看你指定的動詞。如果你發現自己使用「協助」、「參與」、「評估」或其他相當消極的動詞（起碼在此背景脈絡下是消極的），那麼你提出的很可能是事項，不是關鍵成果。[10] 若是如此，請提出以下的問題，往有價值道路邁進吧：「為什麼我們要協助／參與／評估？」成果是什麼？一旦你提出疑問，就更有可能想出更實在的關鍵成果，這其中含有行動導向的動詞。

使用正面的語言

在討論目標設立的方法時，就提過這項建議了，同樣適用於此。關鍵成果是愈大愈好。不要提出「錯誤率降低至 10％」，請想想「精準率增加至 90％」蘊含的強大訊息。正面表達可提高動機並增加投入度。

保持簡單明確

我們有位客戶基於產業性質使然，不得不向股東和公眾證明其盡到環保職責，因此該客戶的關鍵成果必然跟環保績效有關。公司董事深思熟慮一段時間後，提出一項關鍵成果。我們想跟你說那項關鍵成果，但卻辦不到，不是因為要保持機密，而是我們不曉得那是什麼意思。

時至今日，在多番解釋過後，我們還是不曉得那個超級複雜的指標是要傳達什麼訊息。不只我們有這種想法，該公司的領導階層和董事底下的團隊對於那項關鍵成果的性質、含意、效用，也同樣目瞪口呆，不知如何是好。不用說，那項關鍵成果最終遭到廢止，取而代之的是沒那麼複雜難解、大家都懂的關鍵成果。創立實在的關鍵成果，不代表你要有博士學位才能解讀當中含意。

接納各種可能性

在思考某項目標的最佳關鍵成果時，有個看似合乎邏輯的候選項目會浮上心頭，而且幾乎毫不費力就會想到。你深信這就是該項目標絕對完美的關鍵成果，於是避開進一步討論，選擇了該項關鍵成果。這是過度自信偏差的絕佳例子。

史丹佛研究人員觀察到某家速食連鎖店過度自信偏差造成的效應，那裡的高階主管團隊著眼於改善顧客滿意度和獲利能力，堅稱員工流動率是快樂顧客的推手，雖少有證據可證明他

們的觀念，但他們還是把員工流動率當成關鍵指標，投資大筆金額降低流動率。然而，隨著數據累積，高階主管發現有些流動率很高的門市擁有快樂的顧客，獲利竟然也增加了，而有些流動率低的門市卻成果不佳。他們採用加強版的時間分析法，發現了提升滿意度和獲利力的背後因素，其實是門市經理的流動率。[11]

開始選擇關鍵成果時，態度務必要謙遜，承認自己不是什麼事都懂，開放心胸，接納各種可能性。

務必指定負責人

社會心理學文獻有個知名的現象叫責任分散（diffusion of responsibility），探究其本質，就是有他人在場時，人們比較不會採取行動或擔負責任。在此舉個典型的例子，在繁忙都會街頭，某個人心臟病發作，卻沒人停下腳步幫忙，因為大家都覺得別人會幫。

關鍵成果沒那麼戲劇化，但若不指定負責人，也會承受同樣的苦果。也就是說，既然最後不會有人負責結果，就不會有人採取行動，導致目標受到波及。關鍵成果的達成與否，不該只由關鍵成果的負責人擔起責任，但關鍵成果的相關資訊本來就應該洽詢負責人。負責人在一季期間、在一季結尾還要隨時讓公司獲知最新進度。

我倆很喜歡的一句話來自《7 Brains：怎樣擁有達文西的七

種天才》（*How to Think Like Leonardo da Vinci*）一書。誰不想像這位史上偉大的博學家那樣思考？對於做出困難的抉擇，該書作者麥可‧葛柏（Michael Gelb）表示：「點餐的準則……選這個、不選那個，把這個的層級排得比那個高，表達你為何選擇某種做法，做這些事情所依循的準則，必須要深入清楚思考和比較一番才行，而這就激發出更深切的激賞和愉快感。」[12]

選擇真正有價值的目標與關鍵成果，可說是十分困難卻最終有益的一種過程，而葛柏的說法最是能描述這過程。雖然那是很困難的事情，但是辛苦做出艱難的選擇，就會對自己的選擇懷有更深切的激賞。

關鍵成果的類型

你可能會使用多種類型的關鍵成果，實際情況取決於你的績效監測系統的完善度，以及能任你運用的數據的可用度。在實務上，有三大類型。下文概述各類型並舉出例子，圖解請見圖表 3.3。

基準關鍵成果

試想，某家公司才剛調整過策略，決定著眼於奠定牢固又長久的顧客關係，以此作為價值主張。或許你還記得第 2 章討

論的策略，這叫做**貼近顧客**。這個價值主張的目標可能是「增加顧客忠誠度」。接著，團隊三思過後，決定他們的重要關鍵成果是「20%的顧客會兌換線上優惠券」。

不過，既然那是相當新的策略，就表示他們過去從未量測過優惠券兌換率，所以也沒基準可設立合適的目標。在這種情況下，他們會使用基準關鍵成果，例如「取得線上優惠券兌換率的基準」。在一季期間，他們會找出基準數據作為原始資料，以利下一季設立實際關鍵成果的目標。

本節一開始就提過了，你使用的關鍵成果類型部分取決於評量系統的完善度。如果你是前陣子才依循新策略進行，或才剛採用 OKR，績效評量的經驗不多，那麼剛開始實施計畫時，很可能至少需要仰賴一些基準關鍵成果。

指標關鍵成果

指標關鍵成果最為普遍，你很快就認得出來，畢竟我們在考慮評量主題時，往往會思考指標關鍵成果涵蓋的內容。指標關鍵成果會追蹤量化成果，用以評估目標的成功度。底下的子類型分成三種。

正面指標通常會採用增加、成長、打造等字眼，例如：「每一封寄出的電子郵件帶來的營收增加10%。」關鍵成果是以正面的語言表達。反之，還有**負面指標**，採用的動詞有縮小、消除、降低、減少等，「請款處理時間從五週減少到兩

週」就是負面指標的例子。選擇負面指標確實可行，但正如第
129 頁訣竅一節內容所述，建議使用正面的語言，這樣就更有動
機邁向目的。最後，還有**門檻值目標**關鍵成果。若需要一個範
圍來充分說明關鍵成果，就適合使用門檻值關鍵成果。

以顧問公司為例，其營收高低端賴於負責處理客戶及開帳
單給客戶的專員。因此，顧問利用率很可能會左右重要的關鍵
成果。然而，確切的利用率目標卻難以精準找出。顯而易見，
利用率愈高，公司達到的營收就愈高。然而，利用率超過某個
數字，可能會導致筋疲力盡、壓力、績效降低。在這種情況
下，你可以規定一定範圍的可接受水準，例如：「顧問利用率
保持在 70％至 80％之間。」

里程碑關鍵成果

偶爾會有我們儘管用盡心力，還是很難化為指標關鍵成果
的情況出現。這通常發生在結果是二元的時候，像是我們要麼
做了，要麼沒做：我們是不是把新產品運送出去了？我們是不
是發表報告了？然而，無論答案是肯定還是否定，OKR 原則一
律不接受這種「不是一就是二」的答案。你必須把一切轉化成
數字，才能適當評估邁向目標的進度。在這些情況下，里程碑
關鍵成果應該是合適的方案。

到現在為止，我們所提及的關鍵成果類型全都受益於評分
法，但就里程碑關鍵成果而言，評分法格外不可或缺。請翻到

圖表 3.3　關鍵成果類型

下表說明五大類型的關鍵成果，以及應用時機。

類型	應用時機	例子
基準	沒有指標可反映重要目標。	取得線上優惠券兌換率的基準。
正面指標	設立「愈多愈好」的指標目標。	每一封寄出的電子郵件帶來的營收增加10%。
負面指標	設立「愈少愈好」的指標目標。	請款處理時間從 5 週減少到 2 週。
門檻值目標指標	設立指標的目標範圍。	顧問利用率保持在70%至 80%之間。
里程碑	成果不能用指標表達。	發布推播通知功能。

第 139 頁，查看我們提供的評分說明，獲得背景知識後，再回到本頁。下文列出的例子是最近某位客戶強調里程碑關鍵成果的做法。

該公司的工程設計小組有以下目標：在多個國家發布推播通知功能。在多個國家發布，算是明顯的關鍵成果，卻只有兩種結果，要麼發布了推播通知，要麼沒有。只要應用評分法，就能轉化為成效高出許多的里程碑關鍵成果。

如果該功能發布到所有國家，就能獲得 1.0 分，這顯然是莫大的進展，但很可能不切實際。在加拿大和另外兩國發布功能，算是有抱負卻達得到的目標，可獲得 0.7 分，或許也是最可行的目標。在這之下，要是只在加拿大發布推播功能，就僅達到目標水準的一半，獲得 0.5 分。最後，如果能確保推播通知功能通過品保，並排定在加拿大接受測試，就能獲得 0.3 分。應用分數以後，可能不適切的二元指標就能轉換成可刺激進度與創新思維的指標，有利達成目標。

健全度指標

我們討論基準關鍵成果時所用的例子，是假設某公司把策略改得更貼近顧客。我們假設這家公司的目標是「增加顧客忠誠度」，關鍵成果是「20％的顧客兌換線上優惠券」。為什麼該公司會希望顧客兌換線上優惠券？當然是為了增加營收，不太需要動腦筋就能知道吧？不過，實際的理由比那更深層，優

惠券只是該公司為推動有利潤的營收成長所採用的方法之一。

　　該策略的關鍵在忠誠度，要跟老顧客建立真誠的關係，每位顧客終生價值也從而高出許多。一段時日後，該公司或許會用店內促銷、回饋方案、線上行銷等方法，藉此提高顧客的忠誠度。具體的方法或有變動，但終究還是要看那些手法能不能提高顧客忠誠度。由此可見，或可採用「淨推薦分數」這類指標，評估顧客推薦某產品或服務的可能性高低，藉此判定顧客會不會持續忠誠。前一句的關鍵字就是**持續**。公司不會取得一次淨推薦分數就繼續往前邁進，公司在繼續努力執行策略時，淨推薦分數仍會是長久的重要指標。

　　在這種情況下，淨推薦分數堪稱為健全度指標，我們認為公司會時常監測該指標（或許以數年為期），畢竟該指標可用於判定公司策略是否成功執行。你可能會想到另外幾種指標可歸在健全度指標底下，員工投入度顯然是其一。無論策略計畫有多出色，要是沒有投入的員工願意自主努力達到目的，成功機率就不大。

　　某些財務指標或許也可放在健全度指標的行列裡，營收成長、淨利潤、資產報酬率都是用來表示財務健全度的標準指標，應該持之以恆地檢驗。健全度指標應該直接源於你的策略，用以彌補 OKR 的不足。實際上，良好的 OKR 診斷檢定可用於判斷 OKR 能不能確實讓健全度指標的指針移動。如果你正在考慮採用某項目標及相關的關鍵成果，卻沒想到大家的目光

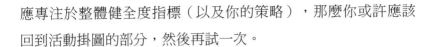

應專注於整體健全度指標（以及你的策略），那麼你或許應該
回到活動掛圖的部分，然後再試一次。

以評分來了解進度

假設你設立的關鍵成果是「本季爭取到 20 位新顧客」，這
個目標可拓展能力、刺激團隊，人人都熱切盡好本分，吸引新
顧客上門。季末，你吸引了 12 位新顧客。這個結果算是卓越？
良好？或者是還可以？答案完全取決於過去的成果和你對將來
的期望。如果前一季只爭取到 1 位新顧客，那麼 12 位新顧客堪
稱為驚人的成就。然而，如果上一季有 15 位新顧客，那麼這季
爭取到 12 位，大家顯然不太可能在走廊上高興擊掌。

若要創立有效的關鍵成果，以便進一步了解自己的事業
（任何種評量的主要宗旨都是如此），就必須調整期望，而且
設立的一連串目標更要能具體描述績效是傑出、優良，還是中
等。OKR 評分法正是能做到這點。

在關鍵成果的用字上取得共識後，就應該立刻運用分數，
這樣就能傳達期望，促成持續的學習，表明關鍵成果的實際進
度。建議採用下列評分制（見圖表 3.4）：

- 1.0 分：極有抱負的成果，看似幾乎達不到。這是你開始

的起點；關鍵成果應一律以 1.0 分為基準撰寫，以利促進突破性的思維。在前一個爭取新顧客的例子，爭取到 20 位新顧客就是 1.0 分。如果公司過去的績效水準向來沒接近 1.0 分，那麼這個成果就彷彿射月般不可能。

- 0.7 分：這水準用以表示進展雖困難，最終還是辦得到。沿用前述的例子，爭取到 15 位新顧客就能獲得 0.7 分的目標績效水準。在邁向拓展能力的路上，這數字算是很高，但根據過去的成果，還是達得到的。

- 0.3 分：這目標水準可稱為「普通的業務表現」，用以表示我們付出一般的努力，並獲得其他團隊的少許協助或毫無協助，從而能達到的績效水準。我們假設的這家公司或許會認為，只要付出最少的努力就能爭取到 5 位新顧客，於是就用 5 位當成 0.3 分的目標水準。不過 OKR 的重點是刺激團隊擺脫目前模式，構思新的工作方式，以便達到鼓舞士氣之作用。那麼你或許不由得會想，既然 0.3 分的目標表示不用額外努力就能達成，那為什麼還要納入 0.3 分的目標呢？

　　這種中等程度的增加量還是有其學習價值。如果到了季末，團隊的一項（或多項）關鍵成果只能達到 0.3 分，你便會想查明原因。優先事項是不是更動了？若是如此，原因是什麼？共有的期望是否不切實際？大家是不是一度認為關鍵成果無關緊要？探究前述問題和其他諸多問題，

圖表 3.4　替關鍵成果評分

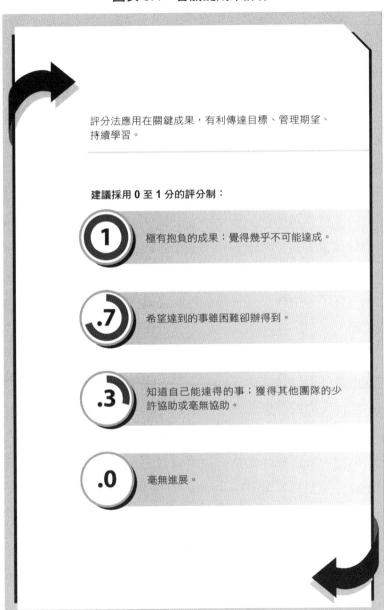

評分法應用在關鍵成果，有利傳達目標、管理期望、持續學習。

建議採用 0 至 1 分的評分制：

1　極有抱負的成果：覺得幾乎不可能達成。

.7　希望達到的事雖困難卻辦得到。

.3　知道自己能達得的事；獲得其他團隊的少許協助或毫無協助。

.0　毫無進展。

有利深入理解團隊的工作方式，以及有效關鍵成果的設立本質，從而在後續幾季應用。

在任何一種監測系統中，目標績效水準的設立都是極其困難的層面。就算擁有多年的基準數據可運用，擁有產業平均值可以有信心地應用，但在最後決定哪個目標適合你時，還是必須利用主觀的判斷。適當的數字落在藝術與科學之間，而你面臨的挑戰就是精準找出數字所在的確切位置。建議利用你持有的量化背景資料（基準資料、產業平均值、顧客要求等），但也不要完全迴避主觀的評估與「直覺」。最懂得你事業的人，就只有你了，由此可見，專業判斷應是做出最終目標決定的重要環節。

對於上方的評分制，再說最後一句，1.0 分、0.7 分、0.3 分的水準是我們建議客戶達到的水準，也是實務上最常碰到的情況。然而，你或許會想對這尺度進行修改，以便合乎貴企業的商業做法或文化。有些公司會覺得 1.0 分這數字未免太低，尺度更大的話，或許更能推動公司邁向目的。於是，這類公司會使用 100 分、70 分、30 分，在某些情況下，則是使用 1,000 分、700 分、300 分。

季中查核 —— 有助調整方向及作法

唯一會比壞消息還要糟糕的，就是遲到的壞消息。你聽過

這句老話吧？在關鍵成果上，肯定也是同樣道理。你在季末對關鍵成果評分，判定自己是達到 1.0 分、0.7 分，還是 0.3 分，而你最不想看見的就是意外之事，尤其是績效不佳的情況。基於這個理由，在此強烈建議你跟團隊談談，評估團隊一整季的進度。

我們的同仁兼 OKR 專家克里斯蒂娜・沃特克有個容易應用又務實的建議，可促進季中查核期間的對話。在一季的開端設立關鍵成果時，就指定信心水準 5 分（總分為 10 分）。[13] 記住，你的 1.0 分目標必須設得很有抱負，所以 50％的成功機會應該算是適當。以此作為背景，在該季期間，你可以召集團隊，詢問他們目前的信心程度落在哪裡？總分是 10 分，現在跳到 8 分了嗎？還是直直落到 2 分了？無論哪種情況，答案終歸會揭露出來，有助你調整資源方向，要麼讓表現不佳的團隊回到正軌，要麼讓表現超乎期望的團隊利用關鍵成果協助他人。這個主題會在第 5 章詳述。

解析分數含意 —— 作為目標調整依據

既然提到第 5 章了，就再多說一句，第 5 章還會深入探討 OKR 的報告和管理。不過，此時，你可能會想知道首次替關鍵成果評分時會發生什麼情況。如果全部都拿到 0 分，算是不幸的失敗嗎？反之，每個 1.0 分的目標都達到了，是不是代表標準設得不夠高，沒有充分發揮重要價值？

根據我們的經驗，OKR 新手首次嘗試應用 OKR 原則，往往會有兩種結果：要麼實際上全都拿到 1 分，要麼全部 0 分。新手之所以摸不著頭緒，是因為儘管用盡心力，報告上面還是一堆 0 分。正如前文所述，建立目標是很富挑戰性的事，大部分公司都沒什麼經驗，不是很熟練。因此，公司會根據其文化和過往經驗，要麼設立可改變世界卻完全達不到的目標，要麼是另一個極端，設立幾乎毫不費力就能超越的目標。

如果貴公司不屬於前述這兩種情況，別慌，這也很正常。剛開始上路，經歷顛簸時，最重要的就是在過程中保有耐心和信任。獲得額外的經驗後，設立目標會愈來愈熟練，實際上也會享有 OKR 帶來的許多好處。

最後，幾季過後（時間或長或短，各公司不同），你的關鍵成果分數應該會開始接近平均 0.6 分至 0.7 分。拿到更高分的話，你的目標或許不夠進取，也就表示你沒有充分運用團隊具備的才能與潛力。另一方面，成果低於 0.6 分的話，表示立下的抱負可能太過有野心。你要是一直不合格，就會想跟團隊坦率討論他們的目標能否達成，免得團隊沒了動力並懷疑起 OKR 的整體觀念。

是否該對目標評分？

簡短的答案是不應該。請再次回想目標的定義，目標是精確的宣言，概述了宏大的品質化目的，以推動機構朝想要的方

向邁進。目標專門用來鼓舞團隊士氣，使其成長與創新都邁向新高。經由目標量化方法設立的關鍵成果，可讓我們得知自己是不是達成目標了。

話雖如此，有些機構在追尋目標的過程中，會採用各種方法嘗試對目標評分。公司會判定某個目標要麼達成了，要麼沒達成。所有基本關鍵成果的每個目標都達成了，就表示目標達成了，否則就是沒達成。那麼，如果有五個關鍵成果，當中只有一個關鍵成果的目標沒達成，那就表示沒達成。對我們而言，這樣只會造成員工心生困惑、起了懷疑、士氣低落，員工為了達到關鍵成果，竭盡心力，卻只換來一句，工作做得不夠好。因此，建議只著眼於關鍵成果的評分。

設立 OKR 的頻率 —— 定期是關鍵

相較於其他諸多管理準則，OKR 做法有個層面令人耳目一新，就是 OKR 可視為開放原始碼架構（此時至少是這樣）。一般公認會計原則（Generally Accepted Accounting Principles, GAAP）會制定出公司在呈報財務成果時必須嚴格遵守的規則，而 OKR 卻不是這樣。OKR 方針的制定可沒有開創之父或大師刻在石板上，對機構而言，OKR 的開放原始碼環境堪稱絕佳益處，因為這樣實踐時就有了量身打造的彈性。雖然是有一

些核心準則（我們正在跟你分享），但是我們的建議終究是描述文字，不是硬性規定，這就表示你可以更動該模式的一些部分，確保該模式合乎你特有的商業情境。

至於要多常設立 OKR，這是你可更動的其中一個領域。「設立 OKR 頻率」這問題的預設答案當然是每季了。如前文所述，OKR 模式的一大優點就是快速的步調，可確保各個為期 12 週的期間，在溝通與學習上都能獲得改善。不過，在貴企業看來，每季或許不是最適合的頻率。可惜不是全部機構都體認到 OKR 模式具備的可塑性，而我們也發現有些機構放棄 OKR 是因為他們誤以為自己必須每季設立 OKR。現在來看看約翰·杜爾——你還記得他吧，就是他把 OKR 引進谷歌——對這主題是怎麼說的：

> 不管是哪個團隊或團體，成功的關鍵就在於定期去做⋯⋯你應該挑選適合自己的時間頻率。英特爾公司當時是每月一次，美國國家半導體公司（National Semiconductor）是每四週一次，所以國家半導體的每個製造年有十三個週期，畢竟主要是製造公司⋯⋯這很適合他們的公司文化。
>
> 大部分的公司都是一季一次的頻率，但是有些比較靈活的公司不這麼做，希望能配合衝刺計畫或開發時間線，一季實在太久了。我要把時間範圍設成每六

週,而不是每十二週。有些地方會選擇每季一次,同時每年一次。所以,我有一套年度 OKR,當中含有一些季度 OKR,而在這一路上我會視情況調整季度 OKR。[14]

　　杜爾說的沒錯,關鍵就在於定期應用 OKR。不過,**定期**這字眼的意義,你的看法當然會跟其他公司不一樣。杜爾還提到,有些機構會同時使用年度 OKR 和季度 OKR,這叫做雙重**頻率**做法。使用雙重頻率的公司會定義一套年度 OKR,通常會把年度 OKR 切分成一季一套 OKR。然後,團隊會設立一套年度 OKR 和一套季度 OKR,或者只替即將到來的一季設立 OKR。雙重頻率有許多好處,其一就是建立年度 OKR 有助大家理解背景脈絡。

　　團隊和個人有了自己的 OKR 以後,目光就會直接專注於公司今年想實現的目標。如此一來,長期(年度)策略優先事項,以及為達這類事項每季必須取得的勝利,這兩者之間就能取得平衡了。雙重頻率只是其中一種選擇罷了,還有其他許多選擇可用,同樣的,要看你所處的情況而定。最重要的一點是把杜爾提出的有力指示再說一遍,要定期應用 OKR。

找出最重要的目標

已故編劇諾拉・艾芙隆（Nora Ephron）留下多部好萊塢經典電影，有《當哈利遇上莎莉》（*When Harry Met Sally*）、《西雅圖夜未眠》（*Sleepless in Seattle*）、《絲克伍事件》（*Silkwood*），這三部電影曾讓她獲得奧斯卡金像獎最佳編劇提名。她把才能發揮在編劇領域以前，是新聞工作者，她在新聞領域最大的天賦或許就是能領略故事的本質。她就讀比佛利山莊高中（Beverly Hills High School），修過查理・希姆斯（Charlie Simms）開設的新聞學 101 課程，很早就知道找出故事核心至關重要。以下的這一課是希姆斯傳承給艾芙隆的。

第一天的課程希姆斯跟其他新聞學老師沒兩樣，一開始都是解釋**導言**的概念。他說明了導言（亦即第一句）要含有報導的原因、內容、時間、人物，導言要涵蓋必要的資訊。然後，他要學生寫的第一份作業，就是撰寫新聞報導的導言，他提供以下事實作為報導材料：

> 比佛利山莊高中校長肯尼斯・彼得斯（Kenneth L. Peters）今天宣布，本校全體教職員下週四要前往沙加緬度（Sacramento）參加新教學法的研討會。講者有人類學家瑪格麗特・米德（Margaret Mead）、大學校長賀欽斯博士（Dr. Robert Maynard Hutchins）、加州

州長艾德蒙・布朗（Edmund 'Pat' Brown）。

於是，學生用打字機敲打出導言的內容。每位學生都設法盡量精確摘述人物、內容、地點、原因，例如：「瑪格麗特・米德、賀欽斯、布朗州長將對教職員發表演說……」「下週四，本高中教職員將……」希姆斯看了學生寫的導言，放在一旁，然後說，他們全都寫錯了。他說，該篇報導的導言應該是「週四不用上課」。在那個當下，艾芙隆頓時領悟，新聞學不只是表達別人提供的事實，而是領略出重點所在。光是知道人物、內容、時間、地點是不夠的，還必須了解事件背後的含意，事件何以重要。[15]

日後，艾芙隆表示，希姆斯教給她的道理很有用，無論是人生還是新聞都適用。OKR 也適用這個道理，你進入會議室跟團隊討論及決定 OKR 的那天，就等於是在商業界尋找相當於「導言」的東西。試想，有人說：「好，那麼我們最重要的目標是什麼？」你前方等著的可能性何其多，有顧客關切事項、股東或投資人、社群、夥伴、廠商、員工、競爭對手，列也列不完。在公司裡，這些項目相當於「原因、內容、時間、人物」。你的挑戰就在於釐清混亂狀況，精確找出此時此刻對你最重要的事情。

說到你制定的 OKR 數量，建議遵循這句經過檢驗的可靠格言：「少即是多。」這項練習很困難，我們知道，而且不是每

家企業一開始就準備好做出因應。有好幾項因素會一起把 OKR 的數量推升到無法持續的大數字，比如：什麼都想涵蓋在內（「此時此刻我們覺得所有事情都很重要！」）；列出一大堆事情總是比較簡單，瞄準最重要的事情比較難；新興軟體對系統裡可輸入的目標與關鍵成果數量，並沒有設定上限。

然而，要增加 OKR 庫存量，就要付出高昂的機會成本，這主要是對公司真正的優先事項缺乏明確的了解與重視。今日的員工亟欲得知什麼是最重要的事項，因此他們可能會配合目的，調整自己的行動，從而大幅提升工作意義。假如你研擬了八個目標和二十個關鍵成果，那麼員工幾乎無法決定心力要放在何處，畢竟他們就跟你我一樣，都受到同一個時間法則的約束。

身為人類的我們對於充分利用所有事物似乎著迷不已。你知道嗎？priority（優先事項）這個單字是在 15 世紀進入英文這個語言，當時是單數，意思是第一或優先的事情。接下來五百年一直是單數形式。不過，在時髦的 20 世紀，我們把這個單字變成複數，開始談起 priorities（優先事項）了。不知怎的，我們覺得改了這個單字就能扭曲現實，就能有多件排在第一的事情。[16] 分享這件趣聞不是要你局限在一個目標和幾個關鍵成果上，但對剛接觸 OKR 的新手而言，這樣的限制有利於漸進習慣這個過程。

我們只是把顯而易見的準則再說一遍，也就是說，如果每件事都設法去做，結果就是每件事都沒什麼進展。至於實際的

數字範圍，如果去查看文獻（現在的文獻主要是指部落格貼文和文章），就會發現大家普遍認為要提出二至五個目標，一個目標含有二至四個關鍵成果。我們認為這算是非常高的數字，但還是再次建議你進行機構層級的討論，找出貴企業心目中最重要的事情，找出你的導言吧！

看情況調整策略

　　顧問不會一直表現出很篤定的樣子，也不會確切對客戶說應該怎麼做才能因應那些煩心事，有時會因此遭受批評（在此希望那些批評不會太難聽）。我倆在此作證，客戶對顧問提出的許多問題，其實答案都是「**看情況**」。前面提出的問題，也同樣是如此。

　　沒錯，有些目標可能是季復一季保持不變，而在目前的策略難關或經營難關下，特別重要的目標尤其不會有變化。關鍵成果也是同樣的道理，有些會連續好幾季維持不變。

　　不過，回想一下第 137 頁討論的健全度指標。我們說健全度指標是公司經常採用的監測措施，或許為期好幾年，畢竟該指標可用於表示公司策略是否成功執行。你的目標與關鍵成果很可能具有長久的策略重要性。在健全度指標的討論中，我們提到了「提高顧客忠誠度」這個目標。此外，還主張淨推薦分

數可持續用來表示顧客忠誠度，由此可見，淨推薦分數可提升為健全度指標狀態，在公司改變策略方向前都保持不變。

依循同樣的思考脈絡，「提高顧客忠誠度」可以是**健全度目標**，在策略的轉化上可說是關鍵要素，在可預見的將來也不太可能改變。如果你追求的策略是貼近顧客，那麼設法提供卓越的服務和支援，並提升顧客忠誠度，藉此促進長期顧客關係，就永遠都會是一大渴求。季復一季把這件事加入 OKR 其實不太有意義，尤其是搭配同樣的關鍵成果。OKR 的重點是在於新奇、創新、創意，用以激發突破性的進展。多年重複施行 OKR 會導致品質停滯，最好予以避免。

OKR 流程開始實行時，建議制定少量目標（最好幾個就好），這些目標是執行策略的關鍵環節，短時間內不太可能會修改。草擬期間，從企業「支柱」的角度去思考，或許會有所助益。所謂的支柱就是財務、顧客、關鍵流程、員工。要在你所處的市場成功獲勝，必須要具備的一套核心目標是什麼？這些目標就是健全度目標。接下來，決定哪些關鍵成果可用來評估你在目標的達成上有多成功，而那些當然屬於健全度指標。

每天，我們踏進辦公室，面臨旋風般的緊急問題和危機，很容易就會被捲入旋風當中。一來是容易被捲入，二來是很想被捲入，畢竟救火的感覺很好，把清單上的某件事劃掉，完成一堆事情，感覺很好。不過，這往往要付出代價，犧牲掉真正重要的事：執行策略。設立一小套的健全度目標與關鍵成果，

就等於是每季都為 OKR 流程打造出持續不斷的背景脈絡。終歸來說，時時拿最重要的事項提醒自己，它們還是需要你付出最大的關注和關切。

OKR 可中途調整

　　一般來說，公司層級 OKR 在當季期間不會調整。但要歡迎我們的老友「看情況」再次上場。有些情況需要對 OKR 做出更動。在珊迪颶風（Hurricane Sandy）摧毀紐澤西州（State of New Jersey）若干地方以前，我倆其中一人正在跟紐澤西州合作。災害發生數週及數月過後，紐澤西州的績效監測系統進行大量更改，反映出許多必須提供服務的政府部門面臨的新現實。

　　然而，我們並不是在說一季期間要有自然災害才能修改（公司任何層級的）OKR。還有許多其他的可能性，舉例來說，或許你爭取到一位重要的新顧客，對方最初需要你的團隊投入大量資源，於是你目前採用的一套 OKR 就要據此進行修改。或者，你可能決定轉變策略方向，這當然也需要把 OKR 修改成最新內容。不能只是因為你覺得目標或關鍵成果太過困難，不能只是因為你對它們的效用起了疑慮，就逕自去修改。

　　每季運用 OKR，就好比是在鍛鍊肌肉，而且隨著你採用準則來設立、監測、學習關鍵成果（最後一項最為重要），肌

肉會成長得更強壯。在一季期間經常更改 OKR，可以美其言為「靈活」或適應型行為。在某些情況下，或許真是如。然而，在大部分的情況下，那只是不願意採取必要的嚴謹與準則來改善 OKR 並拓展真正能推動事業的知識。

設立流程的 CRAFT

本章提出了有效 OKR 特性相關的眾多概念、建言、訣竅。到了這個時候，你已研擬出最初的一套目標與關鍵成果，肯定會很想付諸實踐。本節會帶你了解實際的 OKR 創立過程，並以 CRAFT 這個貼切的首字母縮略字表示，分別代表 create（創立）、refine（改進）、align（契合）、finalize（定稿）、transmit（傳達），請見圖表 3.5。

創立 ── 先以小團體開始

有些評論員會對你說，要完成這個步驟，就要召集團隊。創立公司層級 OKR，就要召集高階主管團隊；創立團隊層級 OKR，就要召集你的團隊。然後，拿出一盒麥克筆，站在活動掛圖那裡大喊：「開始！」典型的腦力激盪時間就此開始，大家立刻齊聲喊出各種出色的想法，速度之快，你都快跟不上了。但我們可不是那種評論員。

圖表 3.5　研擬 OKR 時採用的「CRAFT」流程

下方流程摘述的是創立及傳達團隊層級 OKR 時採用的 CRAFT 流程。CRAFT 亦可用於創立最高層級的 OKR。

CREATE
創立
針對一至三個目標，草擬一至三個可拓展能力水準的關鍵成果。
訣竅：分成小組進行，像是「活力二人組」。

REFINE
改進
把草擬的 OKR 交給整個團隊。在工作坊裡，把 OKR 修改成最新內容。
訣竅：跟大團隊一起合作。研擬關鍵成果評分法。

ALIGN
契合
認清依存關係，共同確立關鍵成果。
訣竅：親自會面，商定你們跟其他小組團隊的依存關係。據此對依存的 OKR 進行調整。

FINALIZE
定稿
把 OKR 提交給主管核准。
訣竅：在主管檢討期間，說明契合的流程與成果。

TRANSMIT
傳達
把 OKR 傳達出去，讓大家注意到。
訣竅：把 OKR 載入中央位置。在全員大會或團隊會議傳達 OKR。

大團體腦力激盪被公認是公司工作坊文化的一部分，但近來的研究證明該流程有許多不足之處。一開始先談談大部分腦力激盪練習的參與人數吧！理由根本就很崇高，說是有一大群人參與其中，就表示這些人更有可能對創立的 OKR 表示同意並支持。無論某條準則多有價值，都會跟社會學家提出的現實相互衝突。今日的社會學家認為，團體愈大，成果愈差。作家蘇珊・坎恩（Susan Cain）在其著作《安靜，就是力量》（Quiet）描述了這種現象。

> 四十年左右的研究得到同一個令人吃驚的結論。根據研究顯示，團體規模變大，績效會隨之變差。九人團體想出的概念比六人團體還要少又差，六人團體的表現又遜於四人團體。根據科學證據顯示，商業人士肯定是瘋了才會採用團體腦力激盪法。[17]

至於大團體為何無法產生有意義的成果，心理學者提出了好幾個理由。社會惰化（Social Loafing）即為其中一例，在團體環境下，有些人負責扛起沉重的擔子，有些人甘願袖手旁觀，什麼也不付出。你的腦海裡或許會清楚浮現那些人的樣子吧！他們的腦袋垂下，緊盯著手機或筆電，完全不參與討論。

要抵消大團體腦力激盪引發的問題，建議採取反制手段，草擬出一套 OKR。請運用小團隊，非常小的團隊，很有可能

是兩個人而已。有愈來愈多的研究人員 —— 前文提及的作家蘇珊‧坎恩即是其中一位 —— 認為，要找出有創意的方案來解決問題，人們必須以深切又耗時的專心態度處理工作。

要二十人（或更多人）組成的團體放下手邊一切，花費必要時間草擬一套 OKR，這樣的期望未免不切實際。然而，如果是兩個人的話，儘管他們必須投入時間，也可能不省事，但還是比較可能辦到。你召集的小組可投入必要時間，去深入了解其在創立 OKR 時應熟知的背景資料，例如：你在競爭環境下所處的位置、細看你的策略、查明你的核心能力等。

前述的背景資料有如可帶來有效 OKR 的原料，必須仔細加以考量。如果你確實希望這個初期階段有更多人參與，就請他們透過電子郵件或問卷調查，把他們對 OKR 的想法呈交給這個小組。接著，小組可以把前述議題（即策略、競爭環境等）當成篩選條件套在可能的清單上，這樣就能把最好的一些想法往前推進。

無論是公司層級還是團隊，建議小組記錄二至三個目標，每個目標含有一至三個關鍵成果。應該以可拓展能力的水準（亦即 1.0 分水準）撰寫目標，以期達到鼓舞士氣之作用。

改進 —— 調整出可行的 OKR

在舉辦首次工作坊前，你的小組（也許是「活力二人組」）會草擬完一套 OKR，呈交給大團隊審查。前頭的句子有

一點很微妙，很容易就會忽略掉，所以在此先暫時停留，拆解當中含意。「**呈交給大團隊審查**」是關鍵的一句。工作坊參與者務必要準備好討論 OKR；因此，建議你不要只是把 OKR 草稿附在標準電子郵件裡，畢竟你那忙得團團轉的團隊一天可能會收到數百封郵件。請同時用電子方式及老派的書面方式分發草稿，還要附上執行長或組長的信件，點明這件事的重要性。

至於工作坊的參與，如果你處理的是公司層級 OKR，領導小組應當參與；如果是一套團隊 OKR，團隊層級的領導小組應當參與。工作坊的宗旨就是嚴格檢視小組已做何準備，請小組解釋他們做出的選擇，引發討論（希望是踴躍討論），最後取得共識，研擬出一套要用的 OKR。

這流程的其中一個環節，就是每個關鍵成果都應該使用本章前文討論的方法進行評分。你會想確保最終的 OKR 清單符合我們提出的特性，更能直接詮釋出你獨特的策略。至於時間的排定與時機，請預先安排一整天的時間，以能夠取消下午環節作為目標，因為你早上就能完成工作了。不過，還是可能需要一整天的時間，這或許是非常正面的徵兆，表示大家探究討論得很熱烈。然而，如果可以提早結束，別為了合乎指定的時間就有所拖延。唯有提早結束最能讓工作坊參與者開心起來。

最後一則提醒，是我們花了成千上萬個小時為全球各地客戶舉辦工作坊得來的經驗：「你期望在 OKR 上充分達成共識，但也務必要實際可行。」在此明確告訴你，幾乎不可能充分達

到共識。為什麼？其一，跟你一起開會的人可不是機器人或活屍（假如他們真的是，你可就有很棒的《陰屍路》*劇本在手了），他們是活生生會呼吸的人類，各有各的獨特人生經歷所塑造出的觀點與人生哲學。期望一群人在任一個主題上充分達到共識，未免難上加難，實際上也可能不是完全有利。

反對的聲音可能很有助益，可確保你使用的 OKR 經過仔細審查，也從各種角度考量過了。最後，你必須堅決**支持**大家所創立的 OKR。就算團隊裡有些人不是百分之百贊成某一項目標或關鍵成果，也還是要公開支持他們。否則，他們就有可能對整個 OKR 計畫心生懷疑，缺乏信念，猶如釋出毒液。要鼓勵多元的聲音與觀點，但也要團結一心支持並投入你創立的 OKR。

契合 ── 合作有互補作用

現代機構的工作多半具有跨部門的性質，亦即多個團隊共同合作，以期解決問題或創立新的工作模式，而多個業務領域就能從中獲益。在團隊層級創立 OKR 時，必須把這樣的背景脈絡謹記在心。

在這趟機構之旅，先前幾個步驟描述的小組或活力二人組應該收下你的 OKR 草稿，並跟其他組長一起討論依存的

---

* *The Walking Dead*：美國恐怖電視影集，描述被活屍占領的末日世界及其他生還者的故事。

OKR。你要跟同仁保持聯絡，向同仁說明有些 OKR 的成敗端賴於同仁是否盡了全力，同時還要向其他團隊表明你會怎麼做好萬全準備，協助他們達到目標。

評分法往往有利你評估自己與另一個團隊間的依存度。0.3 分用以表示你覺得團隊在未獲協助的情況下，所能達到的最低限度。如果 0.3 分跟 0.7 分這兩個目標水準之間有很大的差距，表示很有可能是重度依存。你跟其他組長開會，是為了在依存度上達成共識並調整目標，藉此呈現所需的支援等級。

舉例來說，如果你判定某項關鍵成果極其仰賴另一個團隊的協助，那麼你跟他們開會，是為了確保他們認知到這依存度，並請他們支援。你相信他們在必要時會提供協助，進而增加目標。反之也是同樣的道理，其他團隊可能有賴你達成他們的目標，因此你會跟他們合作，展現你可以如何協助。

在此步驟期間，雖然不該預期 OKR 會有大量修改，但是確實可能要更改。站在另一個團隊的新角度去看待你的目標往往具有啟迪作用，並照亮潛在的不足之處。一旦你把修訂好的 OKR 都編纂起來，就發給整個團隊，請他們提供意見。除非你的更動受到很大的反對聲浪，否則應該沒必要親自會談。

定稿──確立 OKR

再次假設你創立的是團隊層級的 OKR，那麼在此步驟期間，組長和夥伴會跟上司（很可能是資深高階主管團隊的一

160

員）進行商議，以便獲得最終許可，在下一季運用 OKR。你可以概述自己如何構思出 OKR、草擬 OKR 時如何盡職調查、如何跟其他依存團隊達成合作共識。務必也要確保高階主管了解你選擇的評分目標背後的根本理由。當成果開始累積時，你最不想要的就是期望不符，引人困惑失望。

傳達 —— OKR 的追蹤、紀錄、與溝通

這最後一個步驟有兩個環節。第一個是相當老套又必要的做法，亦即把 OKR 載入你覺得適合用來追蹤長期成果的軟體系統或任何一種產品（例如 Google 試算表、Excel 等）。這流程確實老套，卻還是至關重要。OKR 必須嚴謹正式編目及監督，確保系統的完善度。

餐巾紙背面潦草寫出的計算與想法，或許會是商業知識的素材，但在你企圖擊敗競爭對手、設法成功執行策略時，對任何一季都毫無助益可言。無以計數的高品質軟體廠商在這領域提供了工具，而時機適當時（應一律視軟體為推手，不該視為要件），你或許會考慮買工具。這主題會在第 5 章更詳細闡述。

第二個環節是把 OKR 傳達給你的團隊和他人。在此鼓勵你利用各種媒介，把 OKR 廣泛傳達出去。強烈建議你在面對面的場合傳達，例如全員大會或員工會議，而提出這項建議是基於好幾個理由。主要是未直接參與 OKR 創立階段的員工，就有機會詢問當初做出重大決定時的在場人員。務必給員工這機會，

他們才會覺得公平，覺得自己的聲音被聽到了，但大多數的職場都做不到這點，令人喪氣。

哈里斯互動公司（Harris Interactive）對 2.3 萬名員工進行民意調查，結果發現只有 17％員工覺得自家機構促進開放的溝通，亦即尊重不同意見，從而引出更好的新概念。[18] 新概念有如成功企業的流通貨幣，而 OKR 只要構思合宜，就能引發腦海裡的創新想法。不過，要做到這點，人人都必須了解自己做出的選擇是基於何種原因，以何種方式做出貢獻。如果這些話聽來像是前面已經提過的，確實是這樣沒錯。第 4 章會說明如何從上到下創立 OKR，確保全體員工著眼於最重要的事項。

第 4 章

推動互助合作的
OKR 連結

本章開頭要講述保羅說過的故事，點明多個目標串連起來的重要性。大三升大四的那年暑假，我和已退休的爸媽同住在童年時期就住著的房子，位於加拿大東部的某座小鎮，我一輩子都住在那裡。雖然爸媽對那房子引以為榮，也維護得很好，但是加拿大冬季氣候惡劣（有些人或許會說是凶猛），我們家的屋頂損毀非常嚴重，顯然得換了，而且要馬上換才行。爸媽靠固定收入過活，而我還要再過一段時間才開始暑期工作，於是我決定自己修屋頂。但我對屋頂的認識不多，大概一張紙就寫完了。

　　我第一步就是找一群兄弟來幫忙，我想應該幾天就辦得到。在諸多錯誤的設想中，這只是第一個。我用了披薩和啤酒這兩種標準大學貨幣，朋友全都答應來幫忙。我爸建議了一些需要的用品，我們照著他說的，在鎮裡到處買齊新屋頂的材料。我們全都準備好了。

　　五月某個燦爛的早晨，開工了。我們搖搖晃晃爬上梯子、爬上屋頂，把工具和材料吊上屋頂，拆起舊屋頂。木瓦、油紙、我的手提音響（畢竟是 1980 年代初期）大聲傳出比利・艾鐸（Billy Idol）的歌聲。幾個小時內，屋旁的車道散置著屋頂的殘骸，象徵著我們初期但過早宣告的成功。時間流逝，不久屋頂就拆光了。現在剩下的工作是把新材料給鋪上去，此時就是出岔子的時候。

　　拆掉舊屋頂很簡單，可是放上新屋頂呢？我們沒一個人

知道怎麼做，沒有總平面圖可照著做。沒多久，我們就撞來撞去，工具從屋頂掉到地面，重複著同樣的步驟。一切混亂得要命，就連比利‧艾鐸也幫不了我們。我們還差點要打起來，有兩個人發誓說，〈無臉之眸〉（*Eyes Without a Face*）的副歌比利‧艾鐸唱的是「How's about a date」。今日只要在谷歌搜尋歌詞，大約 15 秒就能解決爭論，但當年只能爭論不休，引發我們在屋頂上的另一波衝突。

另一個朋友之前有過一些蓋屋頂的經驗，我們終於得救了。我們開始修屋頂的頭幾天他很忙，沒有加入我們。大家的火氣就要抵達沸點，混亂得要命，幸好他現身了。他立刻估量情況，說明蓋屋頂的關鍵必要步驟，然後依序劃分步驟，把工作分派給每個人，有利達到整體目標。幾分鐘內，我們就稱職又快樂地裝起屋頂來。這裡可不是要暗示我們這些人當時很適合從事蓋屋頂那一行，但我們確實鋪好了屋頂，我也要得意地說，我爸媽家二十年沒漏過水。

這個故事顯然證明了一件事：「大學生不知道他們在做什麼，不該信任他們。」其實不是這樣，這個故事描繪的是人們——就算立意良善——看不清自己對整體目標有何貢獻時，會發生的狀況。當我們開始鋪新屋頂時，每個人都很興奮，想付出心力幫我爸媽。不過，我們對於即將採取的行動毫無背景知識，沒看清自己的行動對修屋頂這目標會產生什麼影響，畢竟在真正懂得蓋屋頂的朋友來到之前，我們沒有大藍圖策略可以

應用，無法有所貢獻。我們在行動上無法契合。結果就是生產力不佳，工作投入度低落，成果不甚理想。

提升公司與員工的重要連結

前文已經提過了，美國和世界各地的員工投入度低得可憐，生產力損失所要付出的驚人成本也留下了麻煩。投入度長期低落不振，其中一大理由就是員工並不像年輕的保羅及其友人那樣，會熱切做出有意義的貢獻，只是缺乏達標時所需的背景知識。

有一份民意調查訪問了 2.3 萬名有全職工作的美國居民，只有 37％ 說他們明確了解自家公司想達成的目標和背後的理由。同一份民意調查還發現，只有 9％ 認為他們所屬的工作團隊擁有明確又可量測的目標。[1] 其他報告也得出類似的結論。

某位研究人員在審視數據時，留意到一點：「如果員工看到公司的目標以及自己的工作之間有強烈的連結，那麼利潤就會受到莫大的正面影響。」[2] 正如這句話所言，員工在工作時要是目光都專注於公司的目標，會大幅增加的不只是投入度而已；改善流程帶來的效應會往外擴散，從而提升顧客關係，最後在損益表上呈現出改善的財務成果。員工要是能認清自己的日常工作及自身行動對整體目標之影響這兩者間的關係，那麼

公司顯然就可大幅獲益。

促進公司各層級雙向學習

貴單位從上到下連結 OKR，最能展現員工的行動以及行動對整體策略執行的影響之間的關係。所謂的連結，就是在公司上下創立多套 OKR，這些 OKR 要合乎最高層級的 OKR（可能是公司層級或事業單位層級，視你的起點而定），並且顯示出企業裡的團隊與個人做出的獨特貢獻。

連結具備多項好處，其中一項是有能力促進雙向學習。今日，各公司必須擅長快步調的學習，這樣才能對路線做出必要的修正，讓有力的競爭對手動彈不得。把多個 OKR 連結起來，就等於是在兩個方向都創造學習機會。

其一，事業單位、部門、個人發展 OKR 時，他們為公司創造整體價值時扮演的獨特角色，就有機會展現出來。當然了，為求有效做到這點，他們必須了解企業的策略，這樣創立的 OKR 才會契合企業策略。由此可見，當他們創立 OKR 時，就更能獲知及深入了解公司的宗旨與策略。

其二，由於是對整個公司分析 OKR 分數，因此領導者能檢驗整個公司的成果並從中獲益。高階主管不是仰賴一小組的抽象指標來呈現整體營運狀況，而是能檢討所有層級的 OKR，深

入公司各個層面。這些真實又寶貴的數據能讓決策與資源的分配獲得改善，還能加快學習速度。

如何連結 OKR？

說到連結，你可不想效法保羅和他那些兄弟，毫無計畫就爬上屋頂。別擔心，我們會提供 OKR 連結步驟，好替你提供掩護。像屋頂那樣幫你遮風擋雨，懂吧？

要連結得多深？

第 2 章講述了「在何處創立 OKR」的主題。如文中所述，最終你的目的應該是把 OKR 的應用拓展到整個公司上下。問題就在於時機。你是不是匆忙地進行從上到下的連結？或許頭幾年是這樣？還是你其實採用了更審慎的做法，以幾個月或甚至幾年的時間為期，設法付諸實踐？

OKR 可以是貴企業的轉型手段，激發新的思維，從而達到未曾料到的成功度。為了實現這份潛能，必須在公司所有層級都採納及應用 OKR 原則，這樣就能讓大家流利使用全新的公司用語，有助於策略的執行。顯而易見，你連結得愈快，員工對全新分類系統的精通速度就愈快，成果改善的速度也愈快。

我們對動力深信不疑，建議你在連結 OKR 時，行動要更主動，卻也要更周全。這聽來相互矛盾，所以在此要解析這兩個關鍵的措辭。主動是不言而喻的，是指你快速又深入地連結到

公司所有層級（或許是連結到個人）。然而，我們要用**周全**一詞來調和，在這個背景脈絡下，「周全」是指你對下列問題深思熟慮並可正面回答：「我們有沒有高階主管支持 OKR ？我們公司的 OKR 有沒有展現出明確記載的策略？無論最初成果是如何，我們是不是努力運用 OKR 來經營事業？」如果你可以成功克服那些阻礙，那麼或許很適合快速推行。

至於要不要往下連結到個人層級，這問題需要更多說明才行。必須仔細衡量優缺點。現在從潛在的優點開始說起：

- **提升大家對 OKR 的認知**：這程度的連結可讓人有莫大的動力去傳達 OKR 原則的準則與技巧。
- **增加可信度和支持度**：只要了解整個流程並有機會直接參與，投入度就很可能因此增加。
- **推動整個公司上下對 OKR 的理解**：為了建構出有效的 OKR，員工必須徹底理解所屬團隊和相關單位的 OKR。
- **投入度成長**：員工若能讓自己的工作合乎公司的大藍圖目標，可能就會變得更投入，更願意自主付出必要的努力，讓球在球場上移動得更遠。
- **培養技能**：在個人層級上，OKR 會呈現出個人成長抱負和個人對公司的貢獻。[3] 個人成長環節可協助員工的事業更上一層樓（見前文），從而提高投入度。

以上都是連結到個人層級的有力論點。然而，可能還是會有一些缺點，列舉如下：

- **投入度降低**：有些人可能會認為 OKR 只不過是公司實施的另一種合規工具，不但「完成工作」的複雜度增加，時間也更少了。

- **對各種獎酬心生困惑**：如果貴單位另外採用一套獎酬制度，而且該制度跟 OKR 毫無關係，那麼員工可能會覺得很困惑，為什麼會有兩種單獨的制度 —— 即 OKR 制度與獎酬制度 —— 同時存在？

- **缺乏團隊精神**：個人可能會太過專注於自己的 OKR，沒關注團隊層級的 OKR。

- **類似待辦清單的 OKR**：有效 OKR 著眼於成果，不著眼於事項。然而，若是在個人層級創立 OKR，往往會很想涵蓋工作相關事項，雖說這些事項對個人很重要，對整體策略執行卻可能毫無貢獻可言。

- **無法提升價值**：有些團隊在個人層級上可能已具備相當於 OKR 系統的制度。例如，擁有 100 位電話推銷員的客服中心團隊可能已具備客服中心追蹤系統，可提供即時意見給每位員工。這麼一來，請每位電話推銷員寫下 OKR 並更新指標，可能是不必要的動作，只不過是在浪費時間。

　　要做出怎樣的決定，終究還是要看貴公司的文化及其對 OKR 深入連結的就緒度。公司要能成功採行，其中一項做法就是讓個人 OKR 成為選用的步驟。西爾斯控股公司──其創新做法詳見第 7 章──就選擇了這種方式，由個別的專員自行決定要不要加入 OKR 計畫。

需要多少 OKR ？

　　前一章提及的共識就是貴公司使用的那套 OKR 應該由二至五個目標組成，而各個目標有二至四個關鍵成果。不過，也提到這算是很高的數字，建議你在選擇 OKR 時，依循老套的建議：「少即是多」。當你計畫連結 OKR 時，可能是整個機構上下都要連結，那麼你必須設法解決一個問題，到底要不要對各團體可選擇的目標與關鍵成果數量設下限制？新手可能會覺得這種做法大有展望，感到振奮不已，於是列出往前邁進時所需的 OKR，OKR 多得不得了，內心的熱忱扶搖直上。

　　雖然熱忱是你不願影響到的一項特徵，但 OKR 的數量一到達某個程度，隨即就會抵達報酬遞減點，會掌控不了，而優先事項清單也膨脹了。沒有所謂的魔術數字（magic number）。然而，此處再次提醒，數量要少，尤其是剛開始的時候，這個階段團隊才剛習慣 OKR 的應用和掌控。如果人們堅持某個數字範圍，不願找出具體的數字，那麼請考慮改為著眼於某個不該超過的數字。

先讓團體做好連結準備

要是沒先做好伸展動作，沒先讓肌肉放鬆，沒做好迎接前方挑戰的準備，那麼就算最合適的人選，也繫不好慢跑鞋的鞋帶，因應不了一段吃力的路程。請考慮採用相當於伸展動作的連結作業，讓團體做好萬全準備，藉此創立有效的 OKR。

第 2 章討論過使命宣言的重要性，使命宣言可傳達機構的核心宗旨。團體若要創立多個連結的 OKR，那麼其所創立的使命都應該要明確概述團體的存在理由，比如為何存在、如何為機構帶來益處等。文中多次提及「背景脈絡」一詞，在此之所以重述，是因為創立使命的練習可提供背景脈絡，有利後續的連結流程。團體成員在討論哪些 OKR 可用時，能持續以使命為依歸，確保他們提議的 OKR 契合整體宗旨。

互有連結關係的團體各有其使命宣言，他們必須回答這個重要問題：「我們要怎麼支持機構的使命和策略？」大致上，就是團體要怎麼對公司的成功有所貢獻？等一下你就會明白，影響力的概念正是連結的關鍵所在，要是提出這個問題，團體可事先列舉出他們能怎麼支持公司的整體策略目標，從而做好周全準備。

確保人人都了解最高層級的 OKR

你還記得小孩子經常在生日派對上玩的傳聲遊戲嗎？小孩圍坐在桌前，或排成一排，大人會在第一個小孩的耳邊輕聲說

出一句話，可能是：「小貓喜歡喝牛奶。」第一個小孩轉向旁邊的小孩，輕聲說出那句話。一直繼續下去，直到最後一個聽到那句話為止。最後一個小孩要把那句話大聲講給大家聽。到了這時候，那句話肯定被曲解了，跟第一個小孩聽到的完全不同。在前述的例子中，有權向大家宣告的那位得意小孩可能會大聲說：「小毛喜歡阿牛。」於是引發一陣哄堂大笑。

基本上，連結 OKR 是傳聲遊戲的複雜版，只不過風險大了許多。你一開始是處理公司層級 OKR，相當於大人在第一個小孩耳邊輕聲說出的內容。接著，你希望訊息傳達給事業單位、下至部門、最終由個人員工接收時，還是明確到他們都能理解，從而創立出 OKR，界定他們參與策略目標時扮演的角色。

當你傳達公司的 OKR 時，務必要讓公司裡的每個人都了解 OKR，比如 OKR 具體的含意、選擇 OKR 的原因、OKR 為何對公司的成功如此重要。就算你在最上層建構的 OKR 在意義和意圖上看似相當直接又明顯，但千萬別忘了，其他人會透過他獨有的經驗鏡頭去折射訊息，可能會做出完全不同的結論，從而可能讓連結的 OKR 完全不契合。

在組織裡，溝通一事再怎麼多做也不為過。許多的變革專家都認為，關鍵的優先事項通常溝通得不夠，而且往往是大量不足。在此列出快速方針：等到你對公司 OKR 傳達的方法與原因感到厭煩得要命，此時或許就是公司上下都理解訊息的時候。

我們有位客戶了解到重複的必要，執行長每次召開公司月

會時，一開始都是講述公司使命和最高層級的 OKR。雖然這只需要 5 分鐘左右，但在如今缺乏專注力的社會，往往到了 4 分 30 秒，員工就覺得講太久了，一聽到對方又提起公司使命和 OKR，就會開始翻白眼。不過，執行長對這種情況感到滿意。他很清楚，唯有再三反覆提起，那個訊息才能占據大家的心思，有利有效執行。

連結的關鍵 ── 影響力

連結練習的宗旨與目的，就是允許所有團體 ── 或許甚至是個人 ── 展現出他們是如何影響整體公司 OKR。在此使用圖表 4.1 逐步說明整個流程。

正如前一節所述，最高層級的 OKR 是起點。這類 OKR 是獲得成功的重要手段，公司裡的每個人都必須先深入了解這類 OKR，再開始進行連結。在此假定你是以公司層級為起點，若是如此，只要事業單位（如圖表 4.1 所述，但你的用語或有不同）研究公司 OKR，提出這個問題：「在這些 OKR 當中，我們能對哪一個產生影響？如何影響？」那麼第一個實際的連結就會發生了。

務必一開始就要注意，不該期望每個團體都能對各項公司目標與關鍵成果產生影響。這並不是練習的重點。有些機構認不清這一點，堅持事業單位與團隊都要認同 OKR，各項公司目標都是如此。強迫大家去配合的目標與關鍵成果往往跟團體無

圖表 4.1　OKR 的連結流程

OKR 可縱向連結及橫向連結。箭頭呈現出雙向對話的重要性

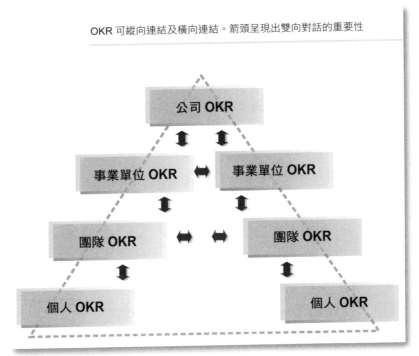

關，只是讓大家無法關注真正重要的事。你的目標是影響力，也就是說，我們能夠對哪一個 OKR 產生影響？雖說如此，還是期望各單位都能認清其工作及至少一項公司 OKR 之間的連結。

同樣的，請務必注意，OKR 並非一對一完美連結。在極端情況下，團隊對高層級的關鍵成果採以「複製貼上」的心態，把這類關鍵成果寫成是他們其中一項目標。OKR 新手往往會犯下這樣的錯誤。把高層級的關鍵成果複製貼上，當成目標，看

似權宜之計，其實是懶惰、成效低落的辦法。連結的 OKR 起點多半應該是由下到上，展現出團隊對公司的成功所付出的獨特貢獻。在此同意約翰・杜爾的看法，他認為 OKR 應該「鬆散成對」，不該是「緊密成對」，而且跟主管的 OKR 連結的流程應該要經過協商。[4]

一旦事業單位研擬了 OKR，就該輪到單位底下的團體加入高風險的傳聲遊戲。這些團體稱為「**團隊層級**」並不是遵從公司 OKR，而是著眼於他們上一層的事業單位。你要持續實行該流程，直到落實到個人層級為止。實際情況視貴公司的階層數量而定，在此由衷希望階層不多。連結流程若能完善執行，每位員工的目光都會專注於公司 OKR。

應用大量連結法 —— 讓整個企業上下一心

你現在已編纂公司 OKR，亟欲讓公司 OKR 連結到事業單位。此時隨即碰上一個最急切的問題：「我們要怎麼樣才做到？」當中機制已在前文概要說明了，但這等式的邏輯面呢？公司多半會指派某個人 —— 也許是高階主管團隊裡或策略團隊裡的一員 —— 跟事業單位一對一草擬連結 OKR。那個人會促成各單位開設工作坊，花費必要的大量時間心力，確保各單位草擬的一批 OKR 契合公司層級創立的 OKR。我們認為有個做法比較好，叫做**大量連結**替代方案。

這方法重視開放的溝通、友善的競爭，以及建構 OKR 時志

同道合的情誼。大量連結法不是個別應對各事業單位，而是一次召集所有團體，共同研擬一套 OKR 草稿。如果貴公司是大型機構，你或許會心想：「每個人？每個事業單位的每個人都要出席，場地要麥迪遜廣場花園（Madison Square Garden）那麼大，才容納得了吧！」這顯然不可行也不切實際，因此建議你選出各事業單位的代表 —— 通常是二至四人 —— 出席工作坊。

　　下方概要說明大量連結工作坊的標準議程。至於工作坊的時間長度，我們通常會排定 6 小時左右，當中有充裕的時間可休息和午餐：

- **高階主管簡報 OKR 旅程：**會議一開始是請高階主管團隊的一員在召來的團隊面前發表鼓舞人心 —— 希望如此 —— 的演說，說明為何要踏上 OKR 之路、目前為止的成就、對這次會議的期望。如此一來，工作坊就有了背景脈絡（這用詞再度出現），還另外有了機會可教導大家了解 OKR，鼓勵團體全力以赴。
- **OKR 複習：**到了此時，希望你已經把一堆 OKR 教材（例如文章、或許還有某本書、簡報等）提供給整個機構，但本於過度溝通的精神，請把握這個機會，確保為了連結流程而參與工作坊的人員都共享同一個平等的知識平台。不用全面回顧教材內容，約略概述關鍵主題即可。
- **公司 OKR 簡報：**正如教育部分，在此假定你不是首次分

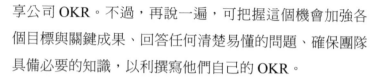

享公司 OKR。不過，再說一遍，可把握這個機會加強各個目標與關鍵成果、回答任何清楚易懂的問題、確保團隊具備必要的知識，以利撰寫他們自己的 OKR。

- **草擬 OKR**：給團隊約 90 分鐘來草擬出一套他們所屬單位專用的 OKR 初稿。一位講師或多位講師，可以是內部講師、外部講師，或兩種講師都有 —— 在教室裡走來走去回答問題，確保團隊待在正軌上且專注於手邊工作，還要在團隊陷入困境時提供指示與協助。我們本身是講師，參與過許多工作坊，因此可以作證這流程很有趣，絕非誇大其詞。教室裡活力蓬勃，熱烈的討論聲，笑聲，頓悟時的那聲「啊」，團隊解開謎題，勾勒出完美的 OKR。

- **簡報**：各團隊會分配到約 10 分鐘（實際情況同樣視你有多少團隊而定）來向大家說明他們的 OKR 並回答問題。在這個步驟，請留意時間安排。要是有簡報者霸占會議，喋喋不休，說話東拉西扯，無止盡地離題，那就會快速毀掉大家的活力，耗盡你至今營造的所有正面能量。

- **分享想法**：我們敢說，這又是當天另一個有趣的環節。在這個步驟，團隊會在教室內移動，把他們草擬的 OKR 拿給其他團隊共同討論，他們可能要倚賴其他團隊達到某個 OKR，或其他團隊要倚賴他們。如此可促進橫向契合（稍後會討論），交換想法，深入了解各團隊在公司成就中所扮演的重要角色。

- **重新草擬 OKR**：各團隊根據同仁提出的意見，對 OKR 進行檢討、修訂、改進。
- **簡報**：各團隊發表報告，說明已修訂的 OKR，並且回答問題。

細心的讀者會注意到一點，我們並沒有對前述步驟安排時間，因為你分配給各步驟的時間長度端賴教室裡的團體數量。顯而易見，簡報的團隊愈少，課程愈短。工作坊結束後，OKR 冠軍——亦即負責引領日後實踐的人員或團體——會對各團體進行後續追蹤，完成 OKR 定稿。

這種連結模式產生的正面能量大過於團體依序進行的情況，在效率上也高多了。一次召集多個團體，就能減少連結時間，從而大幅提高動力。

打造完美的契合度

我們希望本書找到大量讀者，並協助許多機構應用 OKR，改善績效。不過，找到讀者是一種相對的用詞，本書的影響力不太可能像《孫子兵法》那樣恆久。這本西元前 5 世紀的中國軍事著作，時至今日仍頗受歡迎。當然，讀者有了變化；今日的讀者之所以更想研讀該書，是為了在商業策略方面獲得深刻

理解，而非想在武裝衝突時擊敗外國敵人。孫子提出的許多諺語貌似複雜，實則簡潔扼要。以下諺語特別能應用在目前的旅途上：「上下同欲者勝。」[5]

無論是哪個跨國公司、區域政府、地方非營利組織，還是附近的檸檬汁攤販，都要確保人員遵循共通的宗旨，這是第一要務。正如前文所述，連結 OKR 是一良機，可藉由貴公司各個工作與部門推動契合度。本節介紹這流程期間要促進的兩種契合類型，一是縱向契合，二是橫向契合。

縱向契合 —— 企業上下合作無間

大家想藉由企業連結多個目標時，多半會想到縱向契合。從**縱向**一詞就看得出來，這種連結法是 OKR 創立後就往下推廣，最後抵達個別員工層級。然而，如前文所述，這並不表示高階主管團隊會規定幾個必要目標，也不去管適不適合、必不必要，就強迫層級較低的團體遵循。

縱向連結是指團隊、部門或個人留意直屬團體的 OKR，然後問：「我們要怎麼對那些 OKR 產生影響？為了協助自己和他們都獲得成功，我們在所屬層級要怎麼做、怎麼量測？」再說一次，此流程的性質是**鬆散成對**。採用縱向契合法，就是設法讓你的團體的日常工作符合直屬團體，最終符合公司的抱負。

在公司環境裡，說出哪四個字最討人厭？**閉門造車**。我們都很清楚，僵化的閉門造車法會對公司績效造成有害作用。

孤立的團體只專注於自己的成就,不太理會組織的整體策略目標。不過,我們就姑且相信這些閉門造車的部門,畢竟他們又不太可能一直亟欲把其他部門隔絕在外。實際上,比較合理的情況是沒人教他們採用正規方法,展現出他們可對公司優先事項做出何種貢獻。高階主管向來仰賴自身的專業知識技能,所以會更專心著眼於自己擅長的能力上。然而,從經驗就可明確得知,只要給人機會展現他們在績效鏈上如何相互連結,那麼他們肯定會樂於接受。

在此舉個例子,說明我們前陣子合作的公司如何推動縱向契合。這家中型公司的執行長聲明,維繫顧客是公司第一優先事項。以前,維繫顧客向來是該公司顧客成功團隊唯一關注的領域,該團隊負責持續跟客戶互動,讓客戶繼續回頭。執行長做出聲明後,大家很快就認為顧客成功團隊要更努力推動顧客的維繫,而其他部門就繼續著眼於各自目前的優先事項。然而,OKR 到位後,就能打造出整個公司上下都契合的文化。

以前,產品團隊都專注在他們覺得新顧客想要的東西上,或怎麼做才能在激烈競爭中脫穎而出。不過,OKR 出現後,如今的產品團隊在核准新功能的要求前,都會提出這個問題:「這項產品改善功能為何有助於維繫顧客?」行銷團隊也因 OKR 的實踐,在展望上有所轉變。行銷團隊原本的活動行銷方式是贊助通路夥伴的活動,如今改成舉辦第一屆使用者年會,他們認為這樣肯定有助於顧客的維繫。在使用者年會上,行銷

團隊花時間訪問顧客並收集寶貴的問卷調查資料。

最後，就連業務團隊也改變做法，這都多虧了 OKR。如今的業務團隊花時間拜訪老客戶，提出開放式的問題，想知道他們能如何為客戶帶來更多益處。如此一來，就可奠定客戶關係，同時強調長期合作的重要性。再說一遍，這是為了有助於推廣及推動顧客的維繫。雖然前述提及的團隊都改變了做事方法，而且是跟具體職務有密切關係的事情，但最大的共通點還是在於找出哪些行動有利推動公司為提高顧客維繫率而制定的策略。這就是縱向契合的應用。

在此提出縱向契合的最後一點供你考量。縱向契合的概念通常是以瀑布作為象徵，目標順著水往下流，貫穿整個公司。然而，更貼切的象徵或許是我們的友人兼同仁菲利普・卡斯楚（Lean Performance 創辦人）提出的噴泉象徵。噴泉的水確實是從最高點往下流，但不會到了底部就停下來，而是流回噴泉，貫穿而過，永遠循環不止。這是美麗又合宜的縱向契合象徵。目標確實漂流而下，但正如前文所述，在連結的 OKR 幫助之下，知識、學習、修訂的做法會往上流回頂端。

橫向契合 —— 跨部門互補合作

前一節曾提到，說到連結目的，大部分的人很熟悉縱向契合 —— 或如瀑布般由上而下 —— 的概念。會熟悉這概念是因為機構多半廣泛採用由上而下的縱向做法，也做得很有成效。這

種契合法已獲眾人認同數十年之久（至少可追溯回 1950 年代杜拉克的目標管理法著作），觀念根深蒂固。由此可見，這種做法經過嚴謹的研究，最佳做法公開了，業界也廣泛應用。如果機構意識到契合的價值所在，也採用由上而下的縱向做法數個世代之久，那麼策略執行率為何一直低落不振？

原來許多公司忽略了第二種契合法 —— 橫向契合（見圖表 4.2），它經證實在策略執行上更重要。下列統計數據可迅速呈現橫向契合何以至關重要。

去問經理人，多數時候能不能信賴老闆和直屬部下，84％ 的人會回以肯定的答案。然而，如果是問能不能始終信賴其他部門單位的同仁，只有 9％ 會回以肯定的答案，少得可憐。正如前文所述，在現代企業裡，工作內容多半由不同團隊聚集起來，共同解決顧客問題或創造新價值。如果有單位不能信賴另一個單位，往往會引發好幾起有害的事件，比如工作內容重疊、錯失機會、衝突逐步升高，進而損及公司文化。

而直接去問經理人有關跨部門合作一事，他確實意識到這當中的挑戰，有 30％ 表明執行策略時遇到的最大挑戰，就是無法跨單位合作。然而，到目前為止，他們無法讓系統到位，從而無法跨單位合作，但在今日的競爭環境中，跨單位合作是必備要件。再說一次，我們認為 OKR 可以填補這個空缺。

幸好，制定橫向契合的做法並不複雜。只要具備 OKR 準則，跟公司其他單位詳細對話，找出相互依存關係，確保雙方

單位創立的 OKR 都能呈現出雙方想要的。如此產生 OKR 對各單位而言都是獨一無二的，而在某些情況下，他們會決定使用「共同」的 OKR。

多個團隊為達成果而密切合作時，就會創立出共同的 OKR。共同的 OKR 有助於避免下列情況：甲團隊完成他們在專案中負責的部分就興高采烈起來，但乙團隊忙得要命，努力處理他們負責的部分（這部分還要仰賴甲團隊），於是公司內部沒有合作，無法達到首要目標。我們期望共同 OKR 只占你整體 OKR 項目的一小部分。

在大量連結部分，我們提議採用「分享想法」的步驟，在該步驟期間，團隊跟別人分享他們預期要用的 OKR，尋找依存關係，藉此修訂目標與關鍵成果，彰顯共同的利益。該流程可迅速有效地揭露依存關係和更多的有效 OKR。然而，考慮到時間上的限制，可能必須在活動後對其他單位後續追蹤，以利針對橫向契合的 OKR 進行最終檢討。再者，這件事就跟大部分事物一樣，終究是要列為優先事項，付出時間心力完成。

落實連結，放大價值

創立一套公司 OKR，就能更關注真正重要的事物。不過，還是要等到 OKR 連結了以後，OKR 實踐的價值才會呈倍數增

圖表 4.2　解構橫向契合

以依存的關鍵成果和共同的 OKR 跨團隊連結 OKR。

依存的關鍵成果

在關鍵成果依存於另一團隊時使用。
範例：行銷團隊創立的關鍵成果依存於業務團隊。

行銷目標
更快吸引更好的潛在客戶，協助業務團隊推動營收。

關鍵成果	依存？	說明
更好：30 天內，潛在客戶轉換成付款顧客的比率增加，從 5% 增加到 10%。	業務團隊	行銷的成功與否，端賴業務團隊能否快速把潛在客戶變成顧客，因此這項關鍵成果具備依存性質。
更快：24 小時內，分派給業務團隊的潛在客戶增加，從 60% 增加到 90%。	否	行銷可掌控要花多少時間把潛在客戶分派給業務團隊，因此這項關鍵成果不具備依存性質。

共同的 OKR

多個團隊一起從事某項目標的所有關鍵成果時使用。
範例：產品團隊和工程設計團隊一起確立共同的 OKR。

產品與工程設計共有的目標
成功推出產品 ABC 3.0 版。

關鍵成果

根據 100 分的回饋意見或更多的 3.0 試用者，淨推薦分數從 50 分增加到 60 分。

跟 2.7 版相比，使用 3.0 版平均可減少使用者詢問時間達 50%。

加，所有參與者才能說出他們對大局的貢獻。在 OKR 流程中，連結應當是最重要的環節，因此務必做好連結並落實宗旨。基於這項理由，一旦開始推行計畫，讓層級較低的團體研擬他們的 OKR，就不能理所當然覺得那些 OKR 都相互契合。你必須逐一確認每套 OKR，確定實際上都著眼於你的策略目標。在審視那些連結的 OKR 時，應考量以下幾項因素：

- **目標涵蓋範圍**：如前文所述，期望研擬 OKR 的團體都能對直屬團體的各個目標和關鍵成果產生影響，未免太不合理。再者，OKR 準則本身就是影響力，我們在所屬層級可以對哪個 OKR 產生影響？如何追蹤影響的狀況？然而，評估契合度時，務必要確保整個企業上下涵蓋了你最重要的目標。如果你在公司層級設立的目標是改善新產品開發週期，卻未提及連結的 OKR，那麼就有問題了。

- **縱向和橫向連結都存在**：有效的 OKR 可在整個公司向上拓展，亦可向側拓展。若團體跟其他團隊有強烈依存關係，就更是如此了，而你應該會看到連結的 OKR 呈現出一定比例的縱向契合與橫向契合。

- **合理的目標評分水準**：決定合適的評分水準十分困難，需要許多專業上的判斷。新的 OKR，也就是你從未考量過的那些 OKR，就更是難上加難了。確保目標呈現出適當的能力拓展程度，卻仍落在團隊的能力範圍內。

- **策略影響力**：在有效的連結 OKR 中，這是最合乎常識的特性；在這方面落實的話，機構在整體上會不會更有可能達到一個或多個 OKR？畢竟這是連結的基本宗旨。
- **遵循你制定的「規則」**：如果你已經實施了一個計畫，要任何一套連結的 OKR 中所含有的 OKR 數量不超過某個數目，那麼只要確認沒有團體超過該數目即可。連結具備的一大好處是可在 OKR 的設計上揮灑個人創意。不過，做法一致的話，則有助大家了解計畫、應用計畫。

連結 OKR，邁向共同企業目標

在現代企業裡，不一致是十分有害的問題，我們在職涯中都親眼見識過了。比如老闆一方面不斷誇讚團隊精神和共享的優點，另一方面卻保留資訊，讓員工如墜五里霧中，員工日常決策能力也因此大幅降低。或者，高階主管要求員工達到高績效，卻不願淘汰績效不佳的員工。態度有害、績效低落的員工拖累了整個單位。在腦神經學領域，有個簡單的事實 —— 人腦渴望模式。由此可見，前文提到的那種不一致狀況（而你肯定還能列出許多）會引發不和諧與挫折感，波及自身的工作。

雖然連結可能無法徹底解決這個問題，卻可大幅改善情況。當你研擬一套連結的 OKR 時，就好像是跟員工以及直屬

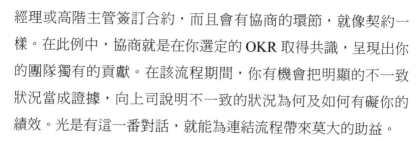

經理或高階主管簽訂合約，而且會有協商的環節，就像契約一樣。在此例中，協商就是在你選定的 OKR 取得共識，呈現出你的團隊獨有的貢獻。在該流程期間，你有機會把明顯的不一致狀況當成證據，向上司說明不一致的狀況為何及如何有礙你的績效。光是有這一番對話，就能為連結流程帶來莫大的助益。

進行開放的溝通，就能釐清你四壁之內的真實情況，也懂得要做些什麼，才能確保大家都專心投入在成功的要件上。這類對話我們經歷過數十次了，對話期間，組長和主管會就 OKR 彼此協商，而針對流程提出的意見也普遍很正面。某次對話後不久，客戶的資訊長打電話給我們說：「那些董事我都認識 20 多年了，聽了他們向我提出的 OKR，我才第一次覺得自己真正理解了他們眼中的重要事物。」

連結的主題就以《業餘者》（The Amateurs）一書的話語作結吧！該書作者請奧運划船選手描述最美好的時刻，他是這麼描述他們的回答：「划船選手多半談論著船上的完美時刻，不太常提到贏得比賽的事，反倒常說著船帶來的感受，一起進入水中的八支槳，近乎完美的同步動作。在那樣的時刻，船似乎從水裡被抬高起來，划船選手稱之為搖盪時刻。船隻搖盪時，似乎是毫不費力在移動。」[7]難以想出其他更貼切的名詞可描述大家努力合作邁向共同目標，從而獲得勝利。划船選手感受到的那種毫不費力的移動，你只要懂得連結 OKR 也能擁有。

第 5 章

成功執行 OKR 的
管理法

從前從前，有個叫葛斯的男人債台高築，應付不來，還款都遲了。能借的人都借了，不知該往哪去借，於是有一天他去了教堂，跪在聖壇前，向上帝禱告，希望中樂透，把他的財務之船給扶正。

他這麼懇求：「敬愛的天主，請讓我中樂透吧！我發誓，我會洗心革面。」一週過去了，葛斯沒中到樂透頭獎。他回到教堂：「天主，這週就讓我中吧！你到時看著，我會展開新的篇章。」一週又過去了，葛斯沒變有錢，他灰心不已，都快哭了。葛斯回到教堂：「天主，我不懂，我禱告了，我保證會改，為什麼你不保佑我中樂透？」突然響起一陣霹靂雷聲，天主開口了：「葛斯，你自己也要努力，去買張樂透吧！」

可憐的老葛斯可能一直都在祈禱債務減輕，但他不採取行動的話，最多只能獲得褪色的希望和痠疼的膝蓋。創立 OKR，卻不馬上分享及檢討成果，好比想中樂透，卻又不費心買張樂透。你對於目標不能「設立完就忘掉」，然後又想獲得本書通篇提及的 OKR 好處。

現代企業帶來無數的干擾因素，讓你無法專注於最重要的事，每天都要救火一百場。若要成功執行，若要讓績效再創新高，就要經常嚴格檢討 OKR 成果，讓這件事成為作業步調和公司文化的一部分。至於要怎麼做到這點，後續幾節的內容會提供方向。

三個檢討週期

　　競爭對手有可能一夜之間就現身於周遭或地球另一端，他們帶著靈巧的商業計畫，打算偷走貴公司的市占率。貴公司想一直領先對手的話，就必須保持在學習曲線的外側，而眾所皆知，這點在今日尤其必要。在競爭激烈的環境下，散漫地等到季末再檢討成果，到時分數都製成圖表了，為錯失的目標採取行動的機會也過了，這會是一大失策。你一整季時時都需要目前最新的數據點，將其轉化成實用知識，應用在整個企業上下。基於這個理由，在此提出三管齊下的做法：週一會議、季中查核、季末檢討。

週一會議 [1] —— 提早找出潛在問題

　　提到**會議**，我們都快看到你在翻白眼了。你可能會想：「又是會議？真的嗎？沒其他更好的建議？」不過，在你把書丟開以前，請先聽聽我們提出的兩個論點吧！第一，雖然我們建議召開週一會議，但這並非必要，每家機構對於會議各有其臨界值和容許值，在貴公司的文化不一定適用。

　　第二，雖然我們看似把會議加到你那已塞滿的行程表中，流程裡的組織複雜度可能會隨之增加，但是我們深信這類會議（以及稍後要探討的季中查核）可強調並放大貴企業的成功要件，還極可能簡化你的生活並降低複雜度。若是精通週一會議

的開會技巧，那麼你目前召開的其他會議在稍加比較之下，很可能頓時價值就失色起來，可以從日計畫表上刪掉了。對於週一會議，你準備好重新考慮了嗎？

週一會議的宗旨有三：一，評估進度；二，提早找出潛在問題，免得惡化為重大問題；三，為確保團隊專心一致，應秉持嚴謹精神，在管理上採納 OKR 與績效型做法，使其成為公司文化的一部分，尤其是剛開始運用 OKR 時。別把週一會議看成是在正式檢討成果，重點應是資訊分享，產生有益的討論。

你排定的週一會議時間長度不該超過 1 小時，在此列舉一些週一會議可涵蓋的主題。

- **後勤**：尤其是舉辦會議的團隊很資深時，判定該週期間誰會在哪裡，這會是很好的起點。數十年來，虛擬會議的數量與品質已大幅提升，但有時仍需要同仁在會議室裡跟你一起做出重要決策、討論某個有爭議的問題、分享重要資訊等。由此可見，知道彼此的行程表不但方便且實用。

- **優先事項**：關鍵優先事項有哪些？所謂關鍵優先事項是為了更緩步接近 OKR 的達成，本週必須完成的事情。如前文所述，迫切又緊急的問題旋風般向企業襲來，很容易就會陷入其中，因此討論優先事項其實有利達成 OKR。

- **狀態**：第 3 章提及 OKR 專家克里斯蒂娜·沃特克的建議，她建議大家在一季的開端就設立關鍵成果，這樣等於

可以拿到 5 分的信心水準（總分為 10 分）。在週一會議時，則可評估團隊目前的信心水準。水準是增加了？還是減少了？無論是增或減，最重要的問題在背後的原因。如果你的進展跟計畫的一樣，那你就會想繼續保持原本的機制。然而，如果團隊覺得動力低落，或許就該討論你在策略上要怎麼改變資源運用的方向，讓一切回到正軌。

切記，團隊對進度的評估屬於主觀的評量，這沒有關係。這是非正式的檢討，不該逼團隊成員每週一都要爭著記錄及詮釋一千個數據點。本章稍後會討論 OKR 檢討期間學習風氣的奠定，而現在要留意的，就是務必讓團隊成員在碰到麻煩消息時，沒信心達成 OKR 時，都能自在表達出來。

如果這樣揭露資訊會引發上級的怒氣和責難，那麼日後這類資訊肯定受到嚴密控制，也許甚至會被隱藏起來，最後就會錯失能採取行動的時機，甚至讓公司面臨更大的困境。就算是麻煩的消息，團隊裡的每個成員都應該要有自信地公開表達出來，你要向他們保證你會支持他們、協助他們，不可訓斥他們。

• **投入**：前文提過好幾次了，OKR 應該挑戰及刺激人們投入突破性的思維，這樣才能達到前所未有的高度。然而，要拓展能力才可達到的目標，其缺點就在於可能引發挫折感，有了挫折感，很快就會身心俱疲。請利用週一會議評

估團隊士氣，他們是不是還積極投入在目標的追求上？還是他們只是嘴巴說說，無意付出必要的努力以達成目標？

- **大藍圖**：第 3 章曾經說過，公司應時常監測健全度指標（或許以數年為期），畢竟該指標可用於判定公司策略是否成功執行。完善規畫的 OKR 應該最終要能促進健全度指標的成功。為達該目的，請利用週一會議討論策略執行背後的重要推手的近來發展或問題，OKR 在本季和後續幾季會受到何種影響。

利用週一會議，在同儕間分享資訊，就進展狀況展開對話。到了會議尾聲，團隊每位成員都應該了解同仁在後續幾週的優先事項，並做好合作的準備，藉此獲得平穩的進展。

季中查核 —— 及時調整方向及作法

假如要召集四位財政部長、四位跨國公司董事長、四位牛津大學經濟系學生、四位倫敦清潔隊員，請他們對幾項關鍵經濟變數做出十年預測，你覺得誰預測得最準確？我們不用苦思，《經濟學人》（*The Economist*）雜誌在 1984 年就進行了實驗，結果是什麼呢？董事長和牛津大學生的預測結果跟清潔隊員不相上下，財務部長是最後一名。但更糟的是預測值平均高了或低了超過 60%。[2] 你可能會想：「那是三十多年前，現在的預測變得精準許多。」可惜，實際情況並非如此。

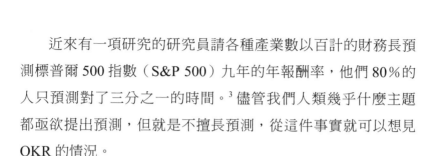

　　近來有一項研究的研究員請各種產業數以百計的財務長預測標普爾 500 指數（S&P 500）九年的年報酬率，他們 80％的人只預測對了三分之一的時間。[3] 儘管我們人類幾乎什麼主題都亟欲提出預測，但就是不擅長預測，從這件事實就可以想見 OKR 的情況。

　　正如前文所述，你的團隊對 OKR 的每週信心度，不僅是一門藝術，更是一門科學。此外，由於團隊裡大部分的成員很可能才剛使用這類評估系統，預測的精準度也許各有差異，可能就跟前文提及的財政部長一樣不準確。儘管團隊立意良善，但不準的預測會在季末帶來不受歡迎的意外消息。為避免發生這種情況，建議你進行季中查核，稍微更正式地檢討進度。

　　你也許注意到了，上一句用的是**稍微**二字。正如週一會議，到了季中的時候，並不是用科學方法對成就進行稽核，只是在調查出方向正確的資訊。因此，雖然你可能會針對達成 OKR 的可能性稍微深入探究一番，但你可不希望團隊以這樣或那樣的方式，花費數不清的時間收集資料來支持其論點。

　　我們在週一會議概述的各個主題（後勤可能除外）在季中查核的議程占有一席之地。然而，在收集資料時，「狀態」占據了舞台中央的位置。建議依照你收集到的新資訊校準期望，決定要在該季只剩 6 週的時候優先採取什麼行動。根據你所在產業的變化速度，情況有可能會在數週內掀起戲劇性的變化，也許某個目標顯然是能力所不及，必須放棄，而其他目標卻是

可以提高，只要額外投入資源，就必定能成功。

此外，正如第 3 章所強調，若有重大的顧客需求、供應商問題、策略方向轉變，或需立即關注的其他問題，就必須中途對 OKR 進行修改。

即使是季中，還是難以確實預測你能不能達成 OKR。然而，留意後照鏡、累積經驗幾週後，就應該可以不靠直覺行事了。有了實際的經營資料，就能對成功程度做出理由充分的估計，進而有策略地分配該季剩餘幾週的資源。

季度檢討 ── 實際對績效評分

之前要伸出一根手指測風向或仰賴主觀信心度來評估你所處的位置，現在不用了，終於到了季末，要實際對你的績效評分了。檢討會議具備的兩大要素分別是內容和方法。

「內容」是你對各個關鍵成果分派的分數。根據該季績效，各個團隊（或應該與組織深刻連結的個人）會決定自己的最終分數，並向同儕、同仁、上司提出這決定的根本理由。廣泛分享成果可說是 OKR 的另一項益處，因為所有團隊都有機會更了解同仁的勝利與挑戰，知道哪些做法有效，還有，整個機構團結一心合作時，最終可能獲得什麼樣的結果。假設你確實召開週一會議，也進行季中查核，那麼提出最終的 OKR 分數應該是相當簡單、直接又快速的流程。

至於實際的成果簡報，應該把時間安排和流暢度都列入考

量。雖然季度檢討時間並沒有公認的標準長度，但你可能不希望變成馬拉松會議，需要一大堆的咖啡和披薩。假設你的目標是 3 小時的會議，內容涵蓋了成果簡報、問答時間、綜合討論。如果安排 10 個團隊要簡報 OKR，建議各團隊分配 6 分鐘，到了 12 分鐘就要打斷。如此一來，會議的簡報環節才不會超過 2 小時。至於會議的流暢度，請考慮讓各團隊一開始說明他們至今最得意的關鍵成果，讓他們一開始就心情愉快。

季度檢討會議的第二個環節 —— **方法** —— 最終可推動 OKR 計畫獲得成功，並讓貴機構擁有執行能力。雖然你分派的分數顯然很重要，但是真正能替學習火焰添柴撥旺的，還是在深入調查一季情況後產生的對話。分數應該當成熱烈討論的發射點，用以挑戰傳統觀點，揭露種種臆斷，檢驗哪些假說是有用的。這類會議應以直率和誠實為準則，而根據我們的經驗，許多機構在開會時卻是碰到重重困難。

雖然有些公司能投入於熱忱的討論並全力以赴，但老套的禮貌規則還是會造成妨礙，達不到可實際揭露資訊的程度。在此並非要建議團隊以不敬的用語引起爭執，藉此促進深刻的理解；其實，在此是要建議你尊敬整個團隊，避免參與口頭攻擊，否則有可能會傷害到別人的自尊心，或影響到別人的心理安全感。

前陣子，有一項以高績效團隊為主題的研究就支持這個主張，該項研究認為參與者的心理安全感是團體成功背後的重要

推手。在此要說的是，為了充分運用 OKR 資料（分數），必須仔細思考自己該如何編排會議，確保達到最高的學習效果。

後續幾節的內容會提供一些方針，以利季度檢討的編排與執行。先從一項不可忽視的關鍵後勤論點開始說起吧！

事先安排會議

在某項研究，研究人員請大學生在聖誕節假期之前，對他們想在假期中處理及完成的專案取個名稱。他們想做的事各有不同，比如撰寫重要報告、平息家人的衝突、參與極具挑戰性的體育活動等。研究人員詢問參與者，他們對開始處理專案的時間和地點是不是已經有想法。假期後，成果製成圖表，有「實踐想法」的人當中，有三分之二都成功做完工作。然而，沒有實踐想法的人當中，只有約四分之一成功了。[4] 數以百計的後續研究都得到同樣的結果，證明真正的改變要發生，高尚的抱負必須化為具體行為，並詳細表明工作的時間與地點。

乍看之下，事先安排檢討會議只不過是一句老套又合乎常識的建議，但我們親眼見識過某些變革計畫（OKR 及其他計畫）之所以未能實現，不是因為計畫本身有某項重大缺陷，純粹是原則制定以後，組織從未一以貫之地定期召開會議討論成果並從中學習。在前文提及的研究，研究人員特地選擇聖誕節是因為他們很清楚學生可能會面對一堆活動，學生說要完成的目標或許會因此無法完成。派對、購物、跟家人團聚等活動，

還有其他許多活動，都比完成重要專案還要吸引人。

　　對大多數的公司而言，在這一點上，每天都像是聖誕節，有數不清的問題和活動爭相獲取你的注意力，很容易就把「檢討會議」暫時擱在後頭，轉而處理那些看似緊急、需要你立刻全心因應的需求。因此，請事先安排檢討會議並要求他們全神投入，為團隊清出變革之路。

　　希望我們在此已說服你把季度會議排進行事曆裡，而且永遠不要取消會議。如果情況是如此，而你也在季末召集團隊檢討成果，那麼現在來看看你可以做哪些事，把投入的效益發揮到最大。

管理你的期望

　　知名的南北內戰攝影師馬修・布雷迪（Mathew Brady）曾替美國第十八任總統格蘭特（Ulysses S. Grant）攝影。布雷迪發現攝影棚暗得無法拍攝，就派助理去屋頂打開天窗。助理滑倒，弄破窗戶，目擊者都嚇壞了，眼看著二吋的玻璃碎片——每片都可能致命——紛紛從天花板落下，有如一堆匕首砸落在格蘭特四周。等到最後幾片玻璃墜落在地面上，布雷迪探查狀況，才發現格蘭特動也不動，毫髮無傷。格蘭特抬頭望了破窗一眼，再回來看照相機，彷彿剛才什麼事都沒發生。[5]

　　有時，OKR 的成果不會如你所預期或希望。在那種時候，你需要像格蘭特那樣，剛毅、堅決，或許還需要運氣。對 OKR

流程要有信心，不斷努力學習，最後就會得到出乎意料之外的成果，要麼是不如預期的成果，要麼是超乎預期的成果。

你很可能在關鍵成果上獲得低分，尤其是剛開始應用 OKR 原則時。你熱切地想產生突破性的進展，規畫一季完成事項時可能會過度樂觀，設立了最終達不到的目標。正如前文的討論，希望你在週一會議或季中查核的流程中，能提早認清不切實際的目標，在當時就據此進行處理。然而，季末成果有可能令人失望。若是如此，你的目標應該是嚴格檢討先前碰到的情況，並從不如期望的成果中學習。

光譜的另一端是那些將近 1.0 分的 OKR 分數，乍看之下是驚人的成就，值得大肆慶祝一番。不過，還先不要開香檳，你有可能是習慣了 OKR 的設立和評分，從而設立太低的目標，避開了過度嚴苛的目標。在這種情況下，得到一堆 1.0 分不代表可以開派對，反而是個良機，今後要調整目標，擬出更合適的目標才行。

大多數的 OKR 實踐者和我們的客戶都認為，成果的甜蜜點是落在大約 0.6 分、0.7 分。不過，無論分數多少，如前文的主張，真正優先的不是數字，而是成果引發的對話。現在來看看一些可刺激討論的方法。

請大家提出意見

你最喜歡哪部皮克斯（Pixar）的動畫電影呢？也許是《瓦

力》（*Wall-E*）？那麼《海底總動員》（*Finding Nemo*）呢？還是 2015 年的《腦筋急轉彎》（*Inside Out*）？還有很多部可以選呢！這些動畫電影呈現的卓越標準，在好萊塢大型電影工作室當中，可說是前所未有，幾乎從未聽過。

皮克斯的非凡成就是由許多因素造就，比如放諸四海皆準的迷人故事、有才能的導演與編劇、以驚人的想像力和描繪手法創造的世界。然而，最重要的因素也許就是共融的流程。皮克斯動畫電影在工作室製作及拍攝時，全體員工——每個工作領域的每個人——都要把自己寫下的記錄寄給電影創作者。皮克斯的導演向來採用這種流程，徵集大家對電影最終版的意見，而這正是成功的關鍵。[6]

在此鼓勵你跟著皮克斯的腳步，在檢討成果時，讓整個團隊參與流程。畢竟透明化可說是應用 OKR 的一大好處。要是你的管理團隊閉起門來詮釋季度成果，不僅有礙大家支持 OKR 計畫，你也會無法隨意運用一大潛在價值來源——團隊的腦力。你的目標應該是讓每位員工無論階層職務都能對 OKR 抱有權責感。要產生權責感，絕佳的方式就是在持續的 OKR 對話中，納入所有的聲音。

簡單提問，開啟對話

艾德·夏恩（Edgar Schein）這位組織心理學者（這只是他諸多頭銜其中之一）曾說，他提出一個簡單的問題，就讓自己

在某位執行長客戶眼裡成了人才。[7]

那位執行長十分擔心公司文化變得不可動搖、令人灰心。執行長說，前一天，他召開員工會議，以前開會向來有 15 位高階主管坐在桌前同樣的位置，那天卻只有 5 個人能出席，儘管空位很多，大家還是各自坐在老位置上，散坐在大桌子前面。執行長感慨地對夏恩說：「你明白我們在對抗什麼了吧？」然後，執行長望向夏恩，一臉期待，想獲得他的肯定和支持，也許還想聽到神奇的辦法。

夏恩把那情況想了一會兒，沒有提出辦法，反而簡單問道：「你那時怎麼做？」執行長說，他什麼也沒做，而就在那一刻，他突然靈光一閃，僵固的文化很可能是高階主管團隊的不作為造成的。接下來幾個小時，他們探究出自己就是自身處境的幫兇，還研究這處境要如何改善。接下來一年，他們得以完成公司文化的轉型，而所有的改變都源自於一個不起眼的簡單問題。

有時，你碰到的情況看似異常複雜，很難找到途徑去鑽研問題。發生這種情況時，多數人的第二天性就是很想提出解決辦法，畢竟那就是大多數的「人才」在公司裡往上爬的方法，不管問題看似有多難解決，只要針對公司苦惱的某個問題及所有問題提出答案就行了。若有挑戰時不趕緊接下、身為領導者卻沉默不語，就可能被誤解成缺乏知識，個人的長久可信度因此受影響，怪不得我們在會議上全都說的太多。

　　然而，想也不想就提出一連串答案，往往會遭逢困境，大家沒有確切理解根本的問題，或尚未仔細考量過那些答案會帶來何種後果。彼得‧杜拉克說的話也許最是恰當：「最嚴重的錯誤不是錯誤的答案所致，真正的危險來自於問錯問題。」[8]

　　雖然對企業面臨的每個問題都很想飛快說出答案，但深思熟慮後就會明白，大部分的問題顯然往往無法光靠簡單的辦法就解決。檢討 OKR 成果時，一律從提問開始，問題愈簡單愈好。然後，再思考有哪些可能的答案。愈是深入去迎接挑戰或挖掘問題，就會揭露出更多的因素。問題的多個層面彰顯出來後，就更可能產生深刻的理解。

利用「五個為什麼？」的方法來診斷問題

　　你可以依循前一節的建言，提出一個非常簡單的問題，而這個必能引起深思並帶來成果的問題，就是「為什麼」。建議你秉持著「好東西再怎麼多也不為過」的精神，提問五次，不要止於表面的問題，要鑽探到問題的根源，而那往往埋藏在深處。這個方法最初日本豐田集團創始人豐田佐吉所提出並應用在豐田汽車公司。今日，該技巧有多種形式（有些人喜歡用「三個為什麼」的方法），有眾多宗旨（包括策略想像在內），但我們認為這種技巧最適合用來在檢討關鍵成果時診斷問題。

　　艾瑞克‧萊斯（Eric Ries）在其著作《精實創業》（*The*

Lean Startup）即說明「五個為什麼」是如何有利制定重要的員工培訓初步計畫。[9] 萊斯的公司——魅他域網站 IMVU（魅他域〔 metaverse 〕是一種虛擬實境空間，使用者可以跟電腦產生的環境和其他使用者互動交流）——公認是全球最大 3D 聊天扮裝社群，但在新版產品（當中某項關鍵功能停用）發布後，卻突然開始收到使用者客訴。魅他域顯然專門仰賴主動又投入的使用者，因此萊斯及其團隊務必要找出問題所在。於是，他們訴諸於「五個為什麼」的方法：

1. 為什麼關鍵功能在新版停用了？因為某個伺服器掛掉了。
2. 為什麼那個伺服器掛掉了？因為錯誤使用某個不顯眼的子系統。
3. 為什麼會錯誤使用？因為使用的工程師不知道怎麼正確使用。
4. 為什麼工程師會不知道怎麼使用？因為他從沒受過訓練。
5. 為什麼那位工程師沒受過訓練？因為他的經理對於新進工程師的培訓不買帳，因為他和團隊「太忙了」。

　　萊斯及其團隊開始探詢時，覺得顧客不滿肯定是技術問題造成。然而，使用「五個為什麼」的方法以後，他們的假設就此遭到粉碎，他們判定客訴的真正起因很可能是人為因素，是經理階層的決策造成。這樣的揭露無疑令人大吃一驚，卻也同

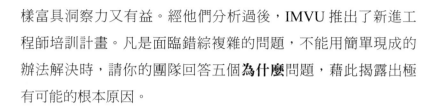

樣富具洞察力又有益。經他們分析過後，IMVU 推出了新進工程師培訓計畫。凡是面臨錯綜複雜的問題，不能用簡單現成的辦法解決時，請你的團隊回答五個**為什麼**問題，藉此揭露出極有可能的根本原因。

從錯誤中學習

在 1928 年 8 月時，蘇格蘭生物學家亞歷山大‧弗萊明（Alexander Fleming）太想去度假了，他直接離開醫院實驗室，留下一堆骯髒的培養皿。如你所料，等他回到實驗室，大部分的培養皿都受到污染。

弗萊明把大部分的培養皿丟到一大桶清潔劑裡，但他看到一個含有葡萄球菌的培養皿時，遲疑了起來。那個培養皿被細菌覆蓋，就只有一處有一小點黴菌正在生長。黴菌周圍的一小圈區域毫無細菌，彷彿那黴菌在阻擋細菌擴散。弗萊明頓時有所領悟，那黴菌也許可以用來殺死多種細菌，他當初犯下「錯誤」，把培養皿放著就去度假了，但青黴素（亦稱盤尼西林，今日廣為使用的一種抗生素）就此誕生。

今日，「我們需要鼓勵冒險，並從我們的錯誤中學習」是企業界高階主管眼中常見的金句，正如同「我們要一次只專注一場比賽」是全球各地各種運動選手口裡常講的老話。這些話會廣為流行，當然是因為那是事實。成功的唯一之道就是包容失敗並從失敗中學習，有時還要重蹈覆轍。OKR 也是如此。在

此鼓勵你每季檢討成果時，都秉持打破沙鍋問到底的精神。乍看之下是可恥又懊惱的失敗，有可能隱藏著創新，日後會迅速讓你在競爭對手當中脫穎而出。

領導者應該最後發言

我們跟世界各地的高階主管合作，會碰到各式各樣的人格特徵和領導作風，但根據我們的經驗，大多數的執行長都有個共通點，他們都表示做決策時想藉助部屬的智慧。不知有多少次，在重要會議開始前，執行長對我們輕聲說：「我要坐著旁觀，聽聽團隊的說法。」

無論他們有沒有自覺，但開口前先聆聽能對會議的動力帶來莫大的影響。許多研究一再證明，如果領導者率先提出想法，團體成員往往不願跟著提想法，從而無法細想其他概念。[10]用大白話來說明這效應，就是：「我老闆對什麼有興趣，那我就對什麼很著迷。」人性本來就會感受到高階主管的意見具有令人窒息的影響力，從而跟隨主管的腳步。

因此，如果你是領導者，又想確保自己能獲得整個團隊提出的最佳想法，那就務必要先聆聽、再開口。你審慎考量團隊的想法，團隊會由衷感謝，而你可以運用這機會衡量他們的意見，然後再做出結論並告知大家。

在季末改進 OKR

實際的 OKR 創立機制相當直接了當。在一年的開端，公司創立最高層級的一套 OKR，可能會同時包含年度 OKR 及更策略型的季度 OKR。這類高層級的「公司」OKR 替第 4 章詳述的連結流程提供背景脈絡，事業單位、團隊或甚至個人則要創立自己的 OKR，展現出他們對整體策略的執行有何貢獻。

每季的季末，整個機構上下會對 OKR 進行評分，然後研擬新的 OKR。正如第 3 章所述，有些 OKR 會好幾季都保持不變，而在目前策略挑戰或經營挑戰下特別重要的 OKR，就格外不會變動了。至於該季未成功達到的 OKR，要是其成功具有長久的策略重要性，那也可以繼續執行。你確實達到的 OKR 很可能遭到去除，由新的 OKR 取而代之，藉此再度拓展團隊能力，創造出他們能力所及的最佳成果。圖表 5.1 是 OKR 流程的標準時間線。

管理 OKR 所需的軟體

2010 年，Apple 公司推出的 iPhone 廣告詞是：「There's an app for that.」（總有應用程式能辦到。）你還記得嗎？有些人肯定還記得，應用程式商店提供的應用程式數量日益增加，

圖表 5.1　OKR 時間線

下方時間線是每季重複出現的典型 OKR 週期。

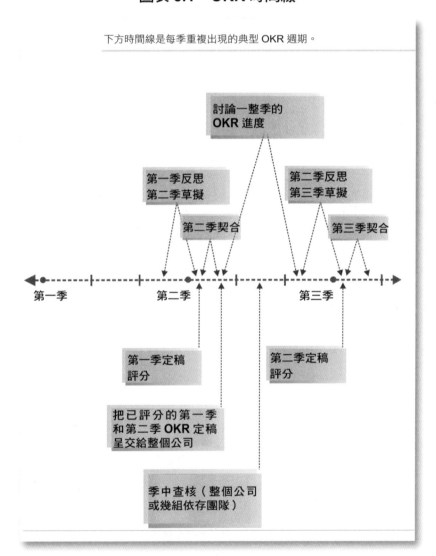

那句廣告詞隨之爆紅，還成了大眾文化的一部分，後來 Apple 還替那句話申請了商標。於是，OKR 有專用的應用程式，也就自然不意外了，實際上有好幾個。

　　那些不只是應用程式，更是穩健精密的軟體套件，可讓 OKR 計畫的存取、分析、參與度的提升達到前所未有的程度。本章這一節要探討何時該尋找軟體工具以及你必須考量的需求。此外，還會提出 20 個問題，以利購買解決方案。

尋找 OKR 專用工具的時機

　　雖然有可能同時推出 OKR 計畫和 OKR 專用軟體應用程式，但絕大多數的實踐者一開始都是採用常見的生產力工具，例如 Microsoft Office。如果你才剛開始使用 OKR，建議採取分階段的做法，貴單位至少先完成一個完整的 OKR 週期，然後再進行專用軟體解決方案的調查，以利管理 OKR。使用熟悉的工具經歷第一個週期，就能專注學習 OKR 流程本身，不用應付新軟體工具的學習曲線。然而，如果要長期上讓該系統持續下去，大多數公司確實覺得需要在專用軟體平台上管理 OKR。

　　大型企業（包括谷歌和西爾斯控股）已開發出專利系統，以利確立及追蹤成千上萬名員工的 OKR。不過，萬一你不是《財富》五十大企業呢？萬一你沒有內部資源能開發出內部解決方案呢？

　　根據我們的客戶工作，根據我們跟數以百計運用 OKR 的經

理之間的討論，我們覺得小型企業——亦即員工不到 100 人的機構——應該很適合使用現有的軟體平台，例如 Google 文件、MS Word、Excel 或 PowerPoint。然而，正如前文所述，到了某個時候，你可能會覺得需要更穩健的解決方案來記錄及追蹤 OKR。如果有這個時候，也到了這個時候，一開始請先仔細記下你的需求，這樣就能快速縮小搜尋範圍，找出哪些廠商的產品符合你的具體需求。

判斷使用 OKR 軟體解決方案的需求

後續幾節會提出簡單的原則，協助你找出軟體解決方案的需求。我們提出的建議是以五個問題為形式：

1. 使用 OKR 工具的人數有多少？
2. 誰是 OKR 工具的主要使用者？
3. 在 OKR 評分時要輸入哪種資料？
4. 你希望軟體利用遊戲化的技術嗎？
5. OKR 解決方案的更新頻率？

現在依序探討各個問題吧！

使用 OKR 工具的人數有多少？

幾乎任何一種軟體都是這樣的，不同的 OKR 廠商會根據規

模決定目標企業。我們把市場劃分成兩種,一種是大型企業,一種是中小型企業。員工超過 2,000 人的公司,一律歸類為大型企業;員工介於 100 至 2,000 人的公司,屬於中小型企業。

- **大型**:廠商設法販售 OKR 應用程式給大型企業,或許也會販售給中型企業,但是通常不會販售給非常小型的公司(亦即前文所說的 100 人以下的公司)——除非有策略上的理由要爭取這類顧客。客戶為大型企業的廠商,他們提供的軟體專門設計給成千上萬名使用者,而工程設計團隊會積極設法確保產品可以在每種平台(包括手機,甚至智慧型手錶)上使用。
- **中小型**:客戶為中小型企業的廠商通常是販售給大型企業的分部,但當然也樂於跟規模有限的公司合作。這類廠商本身規模小,因此產品可能不會包含大型廠商可提供的每一種花俏功能。然而,對於財務吃緊的小型公司而言,這類廠商的軟體應可提供功能與價位都合適的產品。

誰是 OKR 工具的主要使用者?

軟體市場也可依系統的主要使用者分類。各種解決方案各有其關鍵工具使用者,通常要不是高層領導者,就是個人貢獻者。我們問廠商,他們軟體的主要使用對象是誰,他們很快就能回答出來。有些解決方案顯然是專為個人貢獻者設計,有些

解決方案是以執行長為對象，還有些解決方案主要是為團隊領導者設置。圖表 5.2 針對執行長專用工具以及關鍵使用者為團隊與個人的工具進行概略比較。

個人貢獻者專用系統是為了讓人員在邁向目標時達到可量測的進度，認清他們的目標是怎麼連結到大局，並提高員工的投入度。然而，執行長專用系統雖可提高員工的投入度，但主要是為了減少意外之事，並讓執行長主動採取行動，例如依照早期預警的警示進行資源分配。團隊專用工具則是在前述兩種做法之間取得平衡。

在 OKR 評分時要輸入哪種資料？

我們分析過的所有 OKR 工具都需要使用者在一整季期間輸入資料、更新 OKR 狀態。然而，輸入 OKR 進度資料後，你想傳達什麼呢？你想要的是至今的進度？還是可概述季末預期成果的那種預測資料？

過去資料呈現的是過去的成就與至今的進度。舉例來說，如果使用者創立的關鍵成果是要增加 20 位顧客，結果只增加10 位，此時使用者可在系統裡輸入「完成 50％」（亦可輸入「10 位顧客」），而系統會自動把輸入的資料轉譯成目標進度達成 50％。

預測資料呈現的是對未來成就水準的最新預測。每次使用者輸入資料，就是傳達出該期間開端設立的目標之預期達成機

圖表 5.2　OKR 解決方案的主要使用者

下表比較高階主管專用、團隊專用、個人專用的 OKR 解決方案。

	高階主管	團隊	個人
採用情況	• 高階主管和部分的團隊領導者積極採用。 • 個人通常會在首次推行後獲邀加入。	• 高階主管喜歡採用。 • 團隊領導者和一些個人積極採用。	• 高階主管不太可能把該系統當成管理工具。 • 全體員工獲得鼓勵，在第一天就定義 OKR。
連結 OKR	• 大部分是由上到下，視呈報結構而定。	• 可能是由上到下、由下到上達到平衡。	• 強調由下到上。
策略與執行	• 強調策略。	• 強調策略和執行。	• 強調執行。

率。茲將使用者輸入的過去資料及預測資料的優缺點，摘述於圖表 5.3。

你希望軟體利用遊戲化的技術嗎？

　　遊戲化的意思是在非遊戲的環境下採用遊戲機制與獎賞，用意在提高投入度並推動所需的行為。遊戲在全球各地廣受歡迎，就連公司資深高階主管也不例外。某項研究以執行長、財務長、其他資深領導者為調查對象，結果發現 61％每天上班休息時間都會玩遊戲。[11] 遊戲化採用的技巧包括了（但不限於）讓使用者有完成的目標，用徽章獎勵他們，吸引他們投入競爭，鼓勵他們團隊合作、提高等級、獲取點數。[12] 這些當然都不是什麼新把戲。

　　長久以來，空手道就是用不同顏色的腰帶來標示等級。六標準差*方法也是把「腰帶」用在員工上。童子軍的徽章和軍隊的獎章也有類似的作用。你當然也可能至少加入一項飛行常客計畫，這類計畫十分仰賴遊戲元素，例如累積點數、等級、升級等。遊戲化之所以有所改變並化為一股日趨成長的力量，就

---

* Six Sigma：為商業管理的戰略之一，用於改善流程的工具與程序，透過確定、消除引起瑕疵的流程來提供產品品質，降低生產和商業流程中的變化程度，其所利用的品質管理方法是在組織內創建特殊人員架構，分為「冠軍」、「大師級黑帶」、「黑帶」、「綠帶」、「紅帶」等級別來領導和貫徹六標準差方法的執行。

圖表 5.3 在 OKR 解決方案中輸入的資料

本表摘要說明以過去資料或預測資料呈現進度有何優缺點。

	說明	優點	缺點
過去	• 使用者輸入的資料呈現出過去的成就與至今的進度。	• 使用者持續更新進度，獲得成就感和「工作致勝感」。	• 如果沒有持續進展，使用者會覺得氣餒。管理階層對缺乏進度一事可能不確定如何因應。
預測	• 使用者輸入其所預測的達標機率。	• 鼓勵持續進行全公司的預測。進度不如預期時，預警裝置可促使領導階層採取行動。	• 使用者對於呈報達標進度一事可能不會滿意。使用者預測成果的能力大不相同，因而造成資料品質不一致。
過去與預測	• 使用者輸入過去進度與達標機率。	• 兼具兩者優勢。使用者和管理階層可追蹤使用者在一段期間的預測能力。	• 輸入過去的進度和預測的最終狀態，使用者可能會覺得很麻煩。

在於大數據的提供，企業能以簡練確切又經濟實惠的方法運用這類技巧。

幾乎所有軟體都應用了某種遊戲化的技巧。比如在領英建立專業個人檔案的人們也都經歷了遊戲化。使用者查看「完成百分比」狀態列，就會知道系統對個人檔案的意見。每次使用者做出系統想要的行為，例如上傳相片或在個人檔案裡加入一項技能，那麼使用者就會獲得一些點數，完成百分比隨之增加。這種遊戲化的應用雖是簡單，卻是效用強大、設計完善。

效用強大到你或許會擔心個人檔案實際上到底完成了沒有。我們看了班的個人檔案，發現他是「All-Star」等級，不過圓圈裡還有進度要完成，所以班不由得想著，到底要怎麼做才能讓整個圓圈變成藍色。領英採用的遊戲化技巧對班造成影響，激得他得要更多，因此領英可以說是善用了遊戲化的技巧。

雖然我們覺得這樣應用遊戲化多少有其價值，但別人可能覺得這樣會分心又容易混淆。但還是會有人設法應用更多的遊戲化。比如說，也許會有某項功能可讓他們查看自己的個人檔案跟同儕的比較。你需要明確表達貴公司對遊戲化的態度，畢竟有些人會懷抱熱忱採用，有些人會討厭收到虛擬徽章，因為那樣好像逼他們一定要在軟體系統裡採取某些行動才行。

OKR 領域軟體廠商的遊戲化應用做法各有不同，有些廠商會採用最低限度的「遊戲」，有些會提供一堆類遊戲功能。我們研究了數十種解決方案，發現可分成以下三類。

- **最低限度的遊戲化**：這類廠商通常認為遊戲化會讓人分心。使用者可以把目標標示為「綠色」、「追蹤中」、「紅色」（等於「未追蹤」）。這些基本上都是二元的輸入資料。這類系統通常不具備可推動進度的徽章功能和獎勵制度。

- **部分遊戲化**：這類廠商認為遊戲化是一種策略工具，在某些情況下有成效，但是應該節制使用。這領域的系統提供了解析度更高的輸入資料，還為使用者提供更多選項可用於確立進度。此外，使用者很容易就能查看哪些項目最近已經（及尚未）更新，因此可鼓勵使用者定期更新關鍵成果。最後，這層級的遊戲可採用「使用情況」指標，例如，展現出已查看關鍵成果多少次。

- **廣泛遊戲化**：在這種情況下，就是預期遊戲技巧可推動一些行為，例如確立關鍵成果、更新進度、獎勵高績效者等。點數、徽章、升級全都獲得採納，以利達到目標。使用自動化系統對 OKR 進行評分，困難度更高或優先順序更高的目標可獲得更高的分數。

OKR 解決方案的更新頻率？

OKR 一旦定稿後，應該多常檢討績效？每天？每週？每兩週？每月？還是隨你的心意，想多久檢討就多久？你是想讓團隊覺得時間點適合就檢討進度？還是會要求各團隊要每週更新

OKR？

有些 OKR 解決方案完全忽略前述問題。有些解決方案受到每週狀況報告和團隊會議的啟發，會強調每週的頻率。然而，還有一些解決方案提供的功能會鼓勵經常更新，卻未確立標準的時間頻率。如果你選擇評估 OKR 應用程式，建議先想想自己要不要規定整個單位都採用標準的時間頻率。

軟體若是不太著眼於時間頻率，就表示不鼓勵使用者採用檢討標準及更新目標進度。這類工具會讓使用者可勾選方塊，要求系統提醒使用者每週更新目標進度。這類以每週頻率為基礎的工具會要求所有使用者每週更新狀態，通常涵蓋的圖表可呈現每週的目標進度。

你把諸多需求納入考量後，就該打電話給軟體廠商，安排演示產品。廠商肯定很愛推動產品的演示。然而，在產品演示前，建議你先把重要問題列成清單，方便到時掌控討論。畢竟花的是你的錢！所以囉……

20 道問題，釐清軟體需求

雖然建議一開始先使用員工目前熟悉的簡單工具（例如 MS Office），但在 OKR 旅程走了一陣子後，很可能會考慮使用專用軟體工具。在全球各地，不同規模的機構快速採用 OKR，數

十種精密的軟體解決方案紛紛興起，以利 OKR 原則的管理。

應用 OKR 至少一個週期，獲得親身經驗，記下你對專用 OKR 平台的大致需求，這樣就做好了草擬關鍵問題清單的準備，那些問題是解決方案首次演示期間，你想獲得解答的問題。在 OKR 軟體使用者、廠商、潛在買家協助下，我們擬定了下列問題：

1. 為了有利連結 OKR，軟體是否支援 OKR 由下到上的起源，以及由上到下的流程？
2. OKR 能跨團隊達到橫向契合，或是認清跨團隊的依存關係嗎？還是系統會規定 OKR 只能連結到層級更高的 OKR 呢？
3. 系統允許你以視覺方式呈現 OKR 的連結方式嗎？
4. 是否涵蓋社群功能，允許同仁對其無法管理的 OKR 發表意見？
5. 你的 OKR 部署是員工選用？還是軟體協議規定全體員工都必須購買授權？
6. 你能用行動裝置更新及存取 OKR 嗎？
7. 系統如何鼓勵使用者確立及更新關鍵成果的分數？
8. 製作摘要報告，詳述團隊或個人的 OKR 進度，用以通報績效考核會議，這些事情按個按鈕就能辦到嗎？
9. 工具包含可在董事會簡報及摘述 OKR 進度的儀表板嗎？

10. OKR 軟體允許使用者輸入關鍵成果相關資料嗎？還是有技術能確保關鍵成果可量測並具備固定的時間範圍呢？

11. 軟體廠商建議或提供的 OKR 輔導服務和支援是哪一種？

12. 軟體是否支援所有五種關鍵成果（亦即基準指標、正面目標指標、負面目標指標、門檻值目標指標、里程碑）？

13. 系統有「草稿模式」可讓使用者輸入 OKR，而且不會在完稿前顯示出來嗎？

14. 系統支援單一登入*？還是使用者得背下密碼才能登入？

15. 記錄資料整合系統：資料能從外部系統擷取嗎？比如從客戶關係管理（例如 Salesforce.com）、會計總帳（例如 Oracle Financials）、商業智慧工具（例如 Information Builders）擷取資料，這樣某個記錄系統裡已追蹤的標準指標就能自動填入。

16. 新增或移除員工有多簡單？需要廠商提供技術支援嗎？

17. 系統會持續追蹤前幾個期間的 OKR 嗎？這樣使用者就能回頭比較目前與先前的 OKR。

18. 工具所擷取的是哪種資訊或指標？使用者要輸入迄今為止的過往進度或預測分數嗎？還是兩者都要輸入？

19. 系統是否允許個人替關鍵成果指派標準狀態（例如「追

---

* Single Sign On（SSO）：對許多相互關連但又各自獨立的軟體系統提供存取控制的屬性，當具有這項屬性，使用者登入時，就可以取得所有系統的存取權限，不用每個個別軟體系統都逐一登入。

蹤中」是綠色、「落後」是紅色）？還是軟體系統會自動顯示狀態？

20. 軟體提供哪些遊戲化元素？

第 6 章

將 OKR
深植公司文化，
推動企業永續發展

OKR 不是短期專案

當你想到**專案**一詞，腦海裡會浮現什麼呢？應該是規畫的工作有某件事要用到人力資源和財務資源，並且具備確切的開端、有限的規模、預期的結束日期。在企業界，專案——有時稱為初步計畫——往往會呈現出前述所有特性，更是日常職場中經常見到的。

OKR 具備前文提及的許多特性，就只少了「預期的結束日期」這項特性。OKR 計畫必須在某個獨特的日子開始，必須運用財務資源與人力資源，在實踐上更是要審慎規畫。然而，不應指定預期的結束日期。專案無論是否成功完成，都會自然而然結束，到了某一刻，付出的努力就要告終。另一方面，OKR 應該深植於公司文化，最終成為經商之道的一部分，並且持續不懈。

OKR 的實踐永遠沒有真正完成的一天，畢竟你的業務也永遠沒有結束的時候。你有沒有能自信宣稱勝利的時候？在那光榮的一天，你擊敗四面八方的競爭對手，徹底征服市場，超乎你所有顧客最狂熱的希望與期望。當然沒有那種時候了，畢竟你所處的環境經常變動。

宏觀要素（例如政經情勢的整體狀態）會影響你的決策與成就，而從近處著眼的話，競爭造成的影響、你掌握核心流程的能力、吸引合適人才的能力、運用最新技術的能力等其他一

大堆問題，在在導致策略路線必須時常修正。

在這趟有時危險、始終充滿挑戰的旅程上，你應該要把 OKR 當成夥伴。由於局勢必然有所變化，OKR 必須呈現出你工作時面對的不斷起伏的現實，要像指南針般指引員工方向，確保人人在局勢不定時，仍能著眼於最重要的目標，推動企業往前邁進。

毛姆（Somerset Maugham）這位多產的英國劇作家、小說家、短篇故事作家曾被人問道，他寫作是按表操課，還是只有靈感來時才寫作。毛姆回答：「靈感來了才會寫，幸好，每天早上九點整都會來。」[1] 這個典型的例子展現出把事情做好所需的投入與紀律。同樣的道理也適合用在 OKR 計畫。

創立 OKR 可能很辛苦，貴單位要是從沒創立過目標，那就格外費力了。要確保整個公司上下都契合一致，也是十分困難。不過，當中最困難的也許是找出活力和必需的熱忱，以利日復一日、週復一週、季復一季持續使用 OKR 系統，畢竟現代企業要面臨的是接連不斷襲來的旋風。然而，每經歷一個 OKR 週期，就奠定了一項技能，從中學習並獲得深刻的理解，而隨著你秉持嚴謹態度繼續走這趟流程，革新的飛輪會愈來愈快，成功的機會也會加快速度。堅持下去吧！

負責人是成功關鍵

希望前一節的內容已讓你認為 OKR 永遠不該視為臨時專案，而是必須繡在公司文化織布上。要把這種流程嵌進公司裡，有一種做法就是指定幾個關鍵的負責人角色，後面幾段會討論。

第二章已表明過了，凡要落實初步變革計畫（包括 OKR 在內），高階主管的支持是絕對必備的條件。因此，第一個需要填補的角色就是高階主管支持者。

理想上，執行長要擔起責任，不過執行長缺席的話，「長」字輩的高階主管任何一位都足以擔起重任。終歸到底，重要的是資深高階主管要從一開始就願意口頭宣導並支持 OKR 的實踐，把這當成是另一個好主意，在動力停滯、疑慮漸生時，帶領大家穿越多岩的淺灘，來到應許之地，在那裡，流程已根深蒂固，並且成為管理法的一個環節。

無論初步變革計畫的性質是什麼，發起的高階主管都必須要有夥伴，在此稱為 **OKR 冠軍**。冠軍在實踐的前線工作，跟關係人員合作，跟顧問保持聯絡（如有必要），提供後勤支援。冠軍最重要的作用或許是擔任公司內部的 OKR 專家。團隊成員在 OKR 模式理論層面或務實層面有了疑問，就會打電話洽詢冠軍。OKR 要成功，冠軍是不可或缺的環節。有 OKR 背景的人顯然是該角色的理想人選，但是比較有利的特徵應該是熱忱。

找出對 OKR 懷有滿腔熱忱的人，那個人要能立刻理解 OKR 模式的潛力，並且急於分享給同仁知道。

冠軍往往是中階經理，具備傑出的溝通技能，在整個機構上下都享有很高的可信度。對某時期的 OKR 進行評分並為下個時期創立 OKR 時，在這 3 到 5 週的期間，冠軍應該會投入 50%（或再多一點）的時間。在這段期間，他們的投入很可能限定為 1 週幾小時，實際情況視你怎麼建構角色而定。

最後一個考量因素就是要在何處「安置」OKR 流程。是財務部？人力部？策略部？還是經營部？當我們研究這門主題，分享研究結果和個人經驗之時，公司裡沒一個辦公室占主導地位。有些公司是由財務組 —— 通常是擔任公司的報告中心 —— 負責擔起 OKR 的權責，有些公司是由人資部，還有些公司是把 OKR 歸在策略領域。辦公室門上標示的名稱的重要性，終究不如人們對 OKR 準則的投入。

雖說如此，務必要避免讓大家認為某個部門要負責推動 OKR 流程而其他團體免除在外。你最不希望人們會有這樣的想法或說法：「OKR 是人資的事。」「財務部逼我們做 OKR。」雖說某一個團體可能最終會公認是 OKR 的監護人，但還是要整個機構上下都相信 OKR 的價值才行。你想尋求的環境是高階主管支持者都相信 OKR 的優點，並願意支持、開發、持續宣導 OKR。

績效考核不一定客觀

OKR 之父安迪・葛洛夫在其著作《葛洛夫給經理人的第一課》（*High Output Management*）用一整章闡述績效考核這門主題。[2]葛洛夫開頭就向自家公司的經理人提出了一個基本問題：「假如你是主管，要對某位部屬做績效考核，你在做的時候有什麼感覺？」通常會出現的答案有：生氣、焦慮、罪惡感、不自在、尷尬、挫折感。接著，葛洛夫請經理人回想之前拿到的考核結果，如果考核結果有問題，是哪個地方出了問題。他們樂得連忙說出幾個缺點，例如：意見太籠統、訊息混雜、針對改善之道提出的意見不佳、只考量到近來的工作。

根據我們的經驗，在公司裡會快速讓大家翻白眼、做鬼臉的，就是績效考核這門不太受人尊重的主題。幾乎所有組織無論規模大小都要進行績效考核，但勤業眾信近來所做的問卷調查顯示，58％的經理人覺得他們在這方面做得不太好。[3]下文概述績效考核受到的一些批評，它們在本質上絕大多數都很籠統，可是有一個批評直接跟 OKR 有關：

- **績效考核著眼於過去：**大多數的績效考核幾乎都只關注過去設立的目標，而且通常是遙遠的過去。等員工和經理坐下來討論目標時，它們都已了無新意，絕大部分都不合宜了。正如大家所知，績效考核不是一年一度的事件，它會

隨著產業變化而浮動，必須加以調整。績效考核應該要反映出業務的變動性質。

- **績效考核易受偏見左右**：我們跟老闆開會檢討績效，這對雙方而言都是富有情緒的經驗。此外，雙方都無意間把潛意識的偏見帶到會議上，情緒張力很可能就此升高。被檢討者很可能受到「虛幻的優越感」的效應影響，也就是我們全都以為自己表現得比一般人還要好。不過，我們被檢討被批評時，那種未經審視、隱而不顯的自我優越感就受到質疑，引發挫折感和疏離感。

  桌子的另一端是考核者，他們會受到「評估者特質效應」影響，這點倒是令人意外。也就是考核者針對個人特質（例如「潛力」往往會在考核時浮現檯面）評分時，其所呈現的並不是真正的你，而是考核者自身的特質，例如：他們是怎麼界定潛力、他們認為你有多高的潛力、他們擔任考核者時往往多麼嚴苛。根據研究顯示，多達 61％的評分是呈現出考核者的樣子，而非考核對象。[4] 怪不得葛洛夫問到績效考核時，會聽到挫折感、生氣、焦慮的答案。

- **績效考核非常耗時**：前文提過勤業眾信進行的考核成效調查，我們不由得思考，要是他們把自己納入調查呢？之所以會提出這個問題，是因為勤業眾信算出自己一年要花費約 200 萬個小時進行績效考核。定期進行一對一面談，

向員工提出簡短的意見和改善之處，不太算是善用時間，反倒容易流於繁文縟節，填寫表單、舉辦會議、評定分數等等，叫人頭痛起來。沒有一家企業能如此奢侈地花大量時間處理文書作業，還忽略員工需要的、渴望的意見。

• **績效考核連結到 OKR 可能會讓人隱藏實力**：正如本書通篇所探討，OKR 專門用來推動機構徹底發揮能力，促使人員拓展能力，創造出人員能力所及的最佳成果。把 OKR 連結到績效考核，很可能會貶抑了 OKR 特質的核心。這是易懂的人性，假如你知道下一件工作、令人嚮往的新專案或甚至是獎金或加薪（稍後會說明）取決於你達到 OKR 目標的能力，那麼你當然就會縮減自身抱負的規模，避開不必要的風險。誰不會這麼做呢？

我們說這些話的用意不是要抨擊你或你團隊的誠信，這只是簡單的自保行為罷了。但就算設立 OKR 時有遠大目標，也甘願冒著風險，可是竭盡心力還是沒達到目標的話，最終還是要受苦，在正式檢討時不得不面臨苦果。基於這個理由起見，我們合作過、研究過、面談過的企業絕大多數都沒有正式讓 OKR 跟績效考核連結起來。

本節的宗旨不是要責難績效考核流程，不過，這流程在商業文獻中廣受批評已有一段時日，好幾家立場明確的公司（例如 Accenture、Adobe、前文提及的勤業眾信）都紛紛淘汰這種

經常提出意見的做法。[5] 實際上，績效考核若是盡職審慎進行，對考核者和員工仍是很有用的做法。安迪‧葛洛夫對這點表示認同，他說：「身為主管的我們要提出工作相關意見，而進行這類考核就是最重要的方法。」[6] 有鑑於員工與商業環境目前面臨的現實，務必要對看似過時的流程有所警覺。

有一項非常正面的發展對 OKR 的應用帶來莫大的影響，許多一流公司為脫離停滯狀態，正在進行轉型，逐漸淘汰年終績效考核，改成即時的追蹤、輔導、引導，藉此定期塑造員工的發展。機構不在年終時發放一大份載明讚賞或批評的繁雜文件，反倒鼓勵員工與經理經常交換意見，促進持續對話，藉此加快技能培養速度，大幅降低績效不佳帶來的削弱作用。

頻率為一季的 OKR 可促進考核步調，經理得以定期評估貢獻者的績效，更適時提出意見。此外，大幅變遷的勞動力人口結構也支持這樣的發展，79％的千禧世代表示，他們希望老闆能扮演輔導或引導的角色。[7]

就算貴公司是開明的企業，打算讓經理與員工更頻繁地進行一對一對話，但我們還是不建議正式把 OKR 連結到該流程。設立疲弱目標來「隱藏實力」所潛藏的壞處大過運用 OKR 評斷績效所帶來的益處。然而，因為 OKR 運作的頻率更頻繁，而且理想上也可代表公司眼裡最重要的事物，所以 OKR 打造出的環境應當有利員工與經理定期一對一會談。

再說一遍，我們可以參考彼得‧杜拉克針對該主題撰寫

的創新著作，本書已提過很多次。杜拉克建議員工撰寫**致經理信**，員工在信函的開頭界定上司的工作目標，以及自己眼中的工作目標。接著，概述哪些績效標準要應用在自己身上。然後，記錄自己必須做哪些事情才能達到績效標準，並列出這一路上會有哪些潛在的阻礙。信中還要講述公司做了哪些事幫助自己繼續努力，哪些事對自己造成妨礙。最後，還要草擬出隔年要做哪些事才能達到目的。如果上司同意信函的內容，那麼信函的作用就好比是作業許可證。[8]

我們可以運用杜拉克提出的「致經理信」的本質，概要說明你可以運用的一些事項，藉此確保 OKR 雖未直接連結績效考核，卻能對績效考核產生影響。我們以問題的形式提出建議，員工可在考核之前或期間回答。

- 公司的 OKR 有哪些？如此可有機會確保員工意識到並了解到最高層級 OKR 的本質。
- 你覺得自己貢獻最多的是哪些關鍵成果？你如何做到的？
- 你團隊的 OKR 當中，哪一個是你協助確立的？
- 你團隊的 OKR 當中，哪一個是你有所貢獻的？你如何做到的？
- 你是怎麼把前一季 OKR 所學應用到這一季？

如果你定期舉辦狀況會議，也勤於呈報成果，那麼把前述

問題的答案彙集起來，應該不會對員工造成負擔，也能一直促成有成效的績效對話。

獎酬並非萬靈丹

現在來問你一個或許是最基本的問題：「你為什麼要工作？」你的動機是不是想超越期望，想在解開難題後獲得滿足感？還是你的動力主要源自獲得尚可的薪資？也許是達到先前談好的目標而獲得的獎金？這樣並不會讓你變成壞人，畢竟你得填飽家人的肚子，每個月設法存下一點錢，作為退休金和孩子的大學基金。

在此要應用基本準則，我們相信你也意識到那是什麼，畢竟那數十年來一直是大家積極探究的主題：內在動機與外在動機。內在動機追求的是活動帶來的喜悅，從中獲得滿足感和自豪感；至於外在動機，投入工作是為了獲得之前答應過的獎賞，可能會強調我們要著眼於哪些必做事項才能成功。此主題的學術研究多半認為外在（誘因型）獎賞的淨效應會降低內在動機，實際上還會降低績效。

丹尼爾・品克（Daniel Pink）在其著作《動機，單純的力量》（*Drive*）中，就支持這套理論，他認為運用金錢誘因可能會無意間導致一些後果，例如消滅內在動機、降低績效、減少

創意、鼓勵不道德行為、促進短期思維等。[9]

外在獎賞的削弱作用似乎特別會損及需要創意與創新的作為，而世上企業無不靠著這類作為才獲致成功。由此可見，既然有一堆證據顯然是在譴責外在獎賞的運用，那麼在實際的做法上，外在獎賞的運用到底有多普遍呢？十分普遍。前陣子有一項獎酬做法的研究，接受調查的企業中，99％都採用某種短期獎酬計畫來獎賞員工。[10]

OKR 與獎酬連結的優缺點

領導者運用 OKR 促使大家著眼於最重要的事情，此時你有一項重要決定要做：「不管大多數的動機研究有何結果，你該把獎酬連結到關鍵成果目標的達成嗎？」下文列出各種選項的一些優缺點。先從優點開始說起，亦即為何會考慮把 OKR 和獎酬連結在一起。

- **如雷射般精確瞄準目標**：只要依據 OKR 調整獎金計畫，就能獲得這項明顯又最重大的益處。務必讓獎金計畫涵蓋到的每個人都理解你的 OKR，還要在他們面前懸掛夠大的紅蘿蔔（即獎金），這樣他們就會很想達成目標。
- **光榮的公正感**：根據研究顯示，受到精簡人力影響的員工要是認為人事決定公正不阿，那麼一直抱持負面感受（例如氣憤與挫折感）的機率就會降低許多。[11]公正是所有人

這一生都堅守並仰仗的優點，比如小時候跟玩伴在攀登架上盪來盪去和長大後在會議室設法了解公司做出某項策略的原因，都是以公正為準則。居處在一個看似不公的世界，人們的皮質醇濃度、幸福指數，甚至是壽命，都會因此受到影響。

舉例來說，假如貴公司宣揚團隊精神，要員工負責落實強調團結合作的 OKR，可是金錢獎賞全都取自利潤，那麼關係人士心裡的不公正警鈴肯定會因此大作，引發挫折感、幻滅感，對 OKR 和公司的投入度也會因此降低。若把 OKR 連結到獎酬，員工會覺得自己付出的必要努力會公正對應到潛在的獎賞。

- **簡單易懂**：我們合作過、隸屬過的一些組織提供的獎酬計畫令人困惑又異常複雜，報稅表單相形之下還顯得簡單了。把 OKR 和獎酬連結在一起，就是在策略執行背後的重要推手和等待高績效的金錢獎賞之間，畫出一條直接又明確的連接線。憑臆測行事的情況可說少之又少，甚至完全沒有，人人都是一開始就了解自己必須完成什麼事才能獲得獎金。

現在來看獎金的另一面，思考獎金連結到 OKR 後可能會有的一些缺點：

- **隱藏實力**：沒錯，我們的老勁敵再度現身。獎酬連結到 OKR 會帶來的最大風險就跟績效考核一樣，員工—— 有可能甚至是績效一流的人員——會商討出容易達成的目標，好讓自己的荷包滿滿，付出代價的卻是公司的成就，而設立的目標不太遠大，數不清的價值也就此犧牲掉了。說來諷刺，隱藏實力堪稱為「優點」一節提及的「公正感」的邪惡版。員工看到同儕成就普通卻獲得豐厚的獎金支票，絕對會、也理所當然會埋怨不已。

- **降低「主要」指標的使用率**：試想，假如某位業務人員的 OKR 只關注成交量和營收，他可能會發現團隊缺乏某些銷售技能，但他有把會見顧客和銷售的時間騰出一些來，藉此打造及管理培訓計畫，以期在遙遠的將來產生成果嗎？實際情況當然視個人而定，但他很可能不會那樣做，畢竟犧牲那些時間或許會導致他目前獲得的獎金減少。他的團隊和公司要持續有所成就的話，培訓可說是不可或缺的環節；然而，OKR 和獎金在短期上是連結在一起的，他不會想為了這兩者的長期最佳利益而付諸行動。

- **有可能不合乎新的業界現實**：前文曾經提過，外在獎賞（例如獎酬）跟需要創意和創新的工作連結在一起，可能會變得格外有害。史丹佛大學教授傑夫瑞・菲佛（Jeffrey Pfeffer）和羅伯・蘇頓（Robert Sutton）都主張，若是複雜又需要合作的工作，那麼提供獎酬會導致成效低落。[12]

第 1 章曾提及機構環境日益變遷，為處理具體商業問題而組成的團隊愈趨增加，而難題一旦相繼解決，團隊就會解散，團隊成員會被派到其他小組那裡。由此可見，隨著機構持續調整結構，獎酬反而會造成妨礙，無法幫機構順利轉型。

OKR 與獎酬連結的實務經驗

從學術角度檢驗的話，OKR 算是相當新興的領域。因此，就與 OKR 有關的主題研究所主張的做法已經過驗證，但仍難以指出哪些做法在全部情況下都絕對正確無誤。在獎酬連結到成果的主題當中，也確實有文獻明確告誡不要這樣做。第 7 章提到的公司個案幾乎全都避免把獎酬連結到成果，而我們全球各地的客戶絕大多數也是這樣。雖說如此，我們也不能篤定你不該在貴公司做這樣的連結。這句老生常談說的沒錯：「每家公司都不一樣，對別家公司沒效的做法，可能很適合貴公司的文化和商業做法。」

我們從客戶的工作上觀察到一點，有些公司會把員工獎金的一小部分（往往介於 10 至 20％）分配到較主觀又酌情的「OKR 應用」環節。比如某位員工剛開始不願投入 OKR，之後卻變成**冠軍**，在團隊會議定期回報最新進度，那麼他可能會獲得酌情發放的獎金。反之，員工已收到建議，明知不要打造多個關鍵成果，卻還是列出二十個關鍵成果，在流程中承擔過

多工作，這很明顯不符 OKR 精神，所以不會獲得酌情發放的獎金。

如果你判定 OKR 和獎酬之間的關係是合適的，那麼在此建議你審慎思量這份連結的時機層面。雖然你可能急於把薪資與績效連結在一起，但 OKR 就像任何的初步變革計畫，需要學習曲線上升才行，而這套制度肯定會有問題，你在初步涉足 OKR 原則期間，也會想解決問題。建議你實施幾個 OKR 週期，消除掉實踐期間出現的缺陷，然後再把獎酬連結到成果。

無論 OKR 有沒有計入算式裡，貴公司極可能設有某種獎酬制度。就像我們對績效考核的檢討所提出之建議，你或可考慮把 OKR 納入討論，把你要分配給員工的獎金告知大家。

對話內容不僅要涵蓋達成的 OKR 的百分比，也要涵蓋各個 OKR 的難度。需要用到判斷力時，難免會流於主觀，不過，至少讓 OKR 和獎酬流程「鬆散成對」，就等於是彰顯你對獎酬計畫的投入，並向員工證明那是成功的重要環節。

創立 OKR 的十大問題

本書通篇盡力提供全方位的指引，摘述目標與關鍵成果的成功實踐所需要付出的努力。只要依循本書提出的建言，貴機構就能避開初步變革計畫中必有的危害。然而，根據我們的

第 6 章
將 OKR 深植公司文化，推動企業永續發展

經驗和廣泛研究，有幾個問題非常普遍，所以在推出宣傳活動前，需要格外留意。此處列出十大 OKR 問題，依時序劃分成三類：開始創立 OKR 之前、研擬 OKR 期間，創立 OKR 之後。

開始創立 OKR 之前應考量的問題

了解為何實踐 OKR

這個主題在第 2 章已講述過了。然而，因為我們多次目睹 OKR 計畫沒有根本理由時，產生的削弱作用，所以這主題自然列入十大問題。

OKR 在矽谷相當普遍，在全球各地也是快速崛起（請見第 7 章講述的公司個案）。OKR 原則愈來愈受歡迎，各行各業的大小公司肯定會留意到 OKR 原則，聽到許多好處以後，更會急於採用。不過，在踏上這段旅程前，必須先判定為何在貴公司史上的這個時刻 OKR 會是理想選擇。盤尼西林無疑是好東西，但我們可不會光憑知道它對健康有好處，就每天都施用在自己身上。一定要有個採用的具體理由。

我們多少是把這類比給誇大了，但對你的 OKR 而言也是同樣道理。雖然 OKR 本身就是個正面的工具（為了關注重要事項及推動契合度，而去設立有抱負的目標，有誰會去爭辯這當中的價值呢？），但除非你知道自己為何要使用 OKR，否則不太可能會獲得 OKR 的好處。

數據點和其他刺激因子讓今日的員工感到應接不暇，在家中是如此，在職場上也是，而隨著智慧型手機、智慧型手錶、Fitbits 的興起，在玩樂時也愈來愈是如此。要把信號跟往往刺耳的噪音給區隔開來，就必須有專用的過濾器，用來判定某些東西為何應該進入你的認知空間，而某些東西應該拒絕。

你身為領導者應當義不容辭透露信號，並清楚說明 OKR 為何是此時此刻改善貴企業的適當工具。如果沒有明確的根本理由，OKR 可能就要承受可恥的命運，成為另一個「曇花一現」、「也應該要跳過」的初步計畫，多數員工樂於忽視不理。

獲得高階主管的支持

這個重要推手在第 2 章已有詳細探討，還針對如何影響高階主管的支持，提出了一些建言。如果你開始實踐 OKR，卻覺得高階主管不支持，在此鼓勵你審慎檢討 OKR。

本章前文曾討論，OKR 不應視為有限的專案，必須視為動態又靈活的管理法，可幫助你度過企業都要面臨的多變波濤。既然 OKR 會長久在你身邊，OKR 的實踐就涵蓋了許多階段。

首先，你要研擬（或許是如此，視具體的推出計畫而定）高層級的 OKR。然後，連結到整個企業上下的團體。你要奠定呈報步調，確保 OKR 成為經營中心的一個環節。經過一段時間以後，可構思一些方法，聰明地把 OKR 連結到績效考核、獎酬、預算，以及經營企業時所需的其他關鍵流程。

而貫穿前述所有不同事件的共通脈絡，就是高階主管的支持。在每個重要關頭，要是沒有懷著熱忱的領導者現身，人們很快就會失去動力，終至停滯不前。微弱的支持底下藏著一種矛盾心態，從而成不了事。簡單來說，沒有什麼可以取代專心投入又知識淵博的高階主管來帶領變革。

提供 OKR 培訓

OKR 新手經常提出這樣的問題：「這種模式跟其他的公司績效管理法有何差別？」當然有一些差別了，但在此率先要提的是 OKR 模式相當簡單易懂。所謂的簡單，肯定不是指過度的簡單化，而是指稱 OKR 的關鍵優點——人們可快速理解大致概念。而在實踐的時機上，這一點是莫大的優勢。

然而，「相當簡單」經證實是雙刃劍。有些企業接觸該主題後覺得很直接了當，不用培訓那些即將使用 OKR 管理業務的員工，彷彿員工只要靠經理就神奇地能一開始就懂得確立優良的 OKR。可想而知，一小部分的領導者可能不需要 OKR 培訓，他們可能先前已應用過 OKR 或天生具備卓越的思辯能力技能，直覺上就懂得有效溝通，還能確保大家都有助於塑造團隊的方向。

不過，大部分的人有可能是 OKR 模式的新手，或不精通起初的配置，無法自然而然學會。因此，在此建議先讓全體員工接受培訓，懂得 OKR 的基本知識，然後再創立 OKR。這種

做法合乎幾項宗旨，不但能真正營造出公平的知識環境，確保大家對於什麼是 OKR、什麼不是 OKR，有著共通的理解，而且培訓也近似於種下種子，不久就會開出花來，展現出成效更高、更深思熟慮、更策略化的 OKR。

確保策略到位

本書很早就提到全球各地高階主管很迷策略的執行，你可能還記得我們提到前陣子有個問卷調查是以四百位領導者為對象，而在多達八十件事項的清單中，執行的重要性名列前茅。在此要冒險做個假設，不過這假設也不會太過冒險。在此假設你閱讀本書，就表示你也認為執行很重要。若是如此，那應該就代表你目前有策略到位。畢竟，不存在的事怎能執行呢？

然而，可惜許多企業都沒有真正的策略到位。也許，企業的執行長有一些概念浮現在腦海裡，也許，掛在大廳的裱框海報印著公司的價值觀，可是這些都不是策略。策略必須表達及傳達企業的基本優先事項，例如：我們的顧客是誰（目標市場）？我們販售什麼（必備的核心方案）？為何顧客會向我們購買（價值主張）？

雖然不用策略到位就能研擬 OKR，但是你所制定的，會僅是膚淺仿效 OKR 模式可能具備的內容。如果在研擬 OKR 前就有策略可以利用，對於背景脈絡會有好處。策略猶如鏡頭，可藉此評定整個公司從上到下的各個目標和關鍵成果。如果推薦

的 OKR 沒能讓你更接近策略的執行，那麼雖然那些 OKR 或許能快速提升經營狀況，但長期來說無法帶來永續的成功。

創立 OKR 時應考量的問題

設立量化目標

這一點之所以會列入「創立 OKR 時」首批提出的問題，就是基於其本質使然。柏拉圖曾說：「無論什麼工作，開端都是最重要的部分。」OKR 也是同樣道理。好的開始就是成功的一半，為了擁有好的開始，必須精通 OKR 模式的基本知識，其中一項就是目標要有抱負且不應量化。

目標的用意是鼓舞團隊士氣，描繪出團隊共同的想像，推動團隊達到新高。而數據是之後才會出現，等到我們依照關鍵成果去評估成功度時才會採用數據。如果你錯失或忽略這項差別，那麼你一開始工作就設立的目標，基本上都是一些會立刻引人心生困惑、有礙成功實踐機率的指標。

避開所有「由上到下」的 OKR

OKR 新手通常會犯下的錯誤，是仿效公司層級關鍵成果，把這類成果當成目標。就某些孤立的個案而言，這種做法或許合適，但在大部分情況下，OKR 應該既是由下到上、也是由上到下的努力。如果你負責經營某個部門或事業單位，那麼你的

OKR 應該連結到你直屬的團體，但也要能展現出你對整體的成功付出的獨特貢獻。用複製貼上的方式應用 OKR，不僅會扼殺創意，在推動整個組織的契合度上，成功率更會大幅降低。

處理關鍵成果問題

我們也知道這樣的說明很籠統，不過這樣能涵蓋我們在關鍵成果上看到的好幾個問題，部分列舉如下：

- **太多**：馬克・吐溫（Mark Twain）說過一則老故事，那也許是杜撰的，卻很適合當成此處討論內容的引言。據說，馬克・吐溫寫了一封長信給某位友人，信的開頭是這樣的：「我試著要寫短信，卻太難了，只好寫成長信。」說到關鍵成果，我們全都像是馬克・吐溫，想把關鍵成果設限在簡短的清單裡，卻往往太過困難，結果腦力激盪後能想出的所有指標全都列出來了。這種做法當然完全抵觸 OKR 精神，畢竟 OKR 的精神是著眼於成功背後的幾個重要推手。

- **品質不佳**：亦即關鍵成果定義不明、模糊不清，或難以了解、難以付諸行動。有個簡單的判定法，你制定的關鍵成果只要含有超過一個首字母縮略字，那就該重新思考了。

- **大量的里程碑關鍵成果**：一套宏大的 OKR 內若有里程碑關鍵成果，通常就能提高價值。然而，如果所有的關鍵成

果都屬於里程碑關鍵成果，也沒有指標可實際幫你記錄分數，那就等於沒能落實 OKR 流程的宗旨 —— 著眼於成果，不著眼於事項。

使用一致的評分制度

建議採用簡單的制度，只有以下四種分數：0 分、0.3 分、0.7 分、1.0 分。雖然我們是這樣建議，但貴單位也可以採用不同的制度。然而，貴單位同意採用某種制度後，各團隊都必須沿用同一套制度。有些企業會交由一些團隊進行 OKR 評分，有些機構則非如此。有些團隊會採用標色法，有些團隊則仰賴數值。有的會採用預測式評分，有的會採用至今的進度。最不該做的就是同時採用多種評分法，這樣會引發不一致、困惑、挫折感。

領導階層必須選擇單一的評分制度，清楚定義評分制度，然後整個企業上下都一致採用，這樣就能打造出最有成效的學習經驗，才不會因使用多種評分制度而產生不可避免的困惑感。

OKR 創立後應考量的問題

避免「設立完就忘掉」的症狀

如果你設立 OKR，然後把它當成是只在季末做一次的事，那就是錯過了流程當中的「長久的準則」環節，這主題在 OKR 原本的定義中就已經提過了。如果一整季都不去檢討及討論

OKR 進度，那麼根據定義，其實就是沒按照預計的方式去運用 OKR，而 OKR 應當要是動態即時的學習輔助工具。要避開「設立完就忘掉」的陷阱，有個保證成功的方法，那就是第 5 章已討論的週一會議與季中查核。

無法連結 OKR 來推動契合度

如果貴單位的規模很小，或你代表的是大企業裡的一個事業單位，那麼一套 OKR 應足以引領整體員工的行動。然而，組織無論規模大小都應該努力進行 OKR 的向上連結、向下連結、橫向連結，讓整體員工著眼於獨特卻一致的目的，從而獲得加倍的優勢。

第一線員工往往跟高層級策略離得很遠，一套公司的 OKR 雖能提供若干指引，對第一線的日常活動卻幫助不多。根據實證研究、經驗、老掉牙的常識，我們認為多數人都想要帶來改變，而對於機構使命裡更宏大的宗旨，也都想要有所貢獻。連結 OKR 的話，就能釋放員工創意，讓你運用那股唯一已知、源源不絕的力量泉源：腦力。

聘請顧問對你大有幫助

如果你是企業的領導者，負責帶領企業實踐 OKR，那麼你

讀了本書後或許會這麼想：「這好像相當直接了當，我一個週末就能構思出我們的 OKR。」假設你真的做了，週日晚上，哄小孩上床睡覺後，你坐了下來，也許來一杯咖啡（或更強勁的飲料），草擬出你心中很完美的一套 OKR。

到了週一早上，你在團隊面前公布 OKR。也許，你會表明 OKR 是你深思熟慮的產物，所以基本上固定不變；也許，你會展現更親切的風格，歡迎大家提出意見。總之，實際情況視你獨有的領導風格而定。無論是哪種表現方式，都傳達出相當明確的訊息：「我是領導者，OKR 就這些，有沒有問題？」應該沒人敢舉手發表意見，你的團隊一開始就會採取防禦心態，而你也無法利用 OKR 制度的一大好處 —— 在創立有效 OKR 時獲得由下到上的意見。

前述故事是極端版本，你實際上應該不會表現出那樣的行為……對吧？在實務上，研擬最初的 OKR 時，較可能發生的情況是團隊領導者在毫無外在幫助下促進 OKR 創立流程，而非單方面設立 OKR。你引領這個流程，直接參與其中，我們對你的熱忱與投入表示理解也讚賞，但還是認為這是個壞主意，理由如下：

1. 角色很快就會模糊不清。你是講師？參與者？還是兩者兼具？你的答案會左右你在工作坊的行為表現。

2. 人們全都深受潛意識偏見的影響，不知道自己其實可能

247

會引導 OKR 的討論方向，呈現出自己的思維模式，沒有收集團隊的意見，沒有綜合團隊的集體智慧。開完會，你可能會感覺良好（「那些 OKR 太棒了！」），但你的團隊對草擬的 OKR 沒有決定權，覺得 OKR 只不過是分派更多工作的另一種方法，所以可能會大發牢騷（或用更糟的方式發洩）。

3. 團隊沒能體會到你身為關鍵決定的領導者與仲裁者所提出的寶貴意見。你擔任領導者的角色，就是要衡量團隊成員提出的各種意見，而團隊起了爭論時，你就要運用專業判斷力和經驗，深思熟慮後做出決定。

如果獨自處理不是正確答案，那什麼才是正確答案呢？我們是顧問，寫出這樣的答案，還要聽來不自肥，實在很難。不過，我們依舊深信訓練有素、經驗豐富的顧問肯定能把莫大的價值帶到 OKR 的實踐上，也能馬上加快 OKR 實踐的成功速度。[13] 假如你是 OKR 新手，就格外是如此，顧問可以帶給你此時你沒有的東西，也就是即時完成工作所需的實踐經驗和經驗證的方法。

此外，顧問會提出客觀的建議。顧問是中立的講師，是**單純的教練**（naïve coach），也就是說，顧問在團隊的工作領域不是專家，也沒有埋首於那些會讓團隊士氣大振的細節，因此顧問提出的問題往往能揭露出基本的設想，迫使每個人往後

退一步，重新回到核心的心理模式。最後，顧問還具備了可信度的特質，這有時在實踐期間是短缺的。資深管理階層若跟精通 OKR 領域的外部專家共同研擬 OKR，可能就會更樂於接納 OKR，這個事實令人惋惜卻也無可否認。

如果你覺得你的 OKR 工作適合請顧問協助，那麼在挑選公司或個人時，應考量以下幾項因素：

- **OKR 經驗**：OKR 不斷進入主流的策略執行和績效管理中，無疑會引起大小顧問公司的關注，渴望從有成長趨勢和潛在資源的未開發收益獲取利益。身為客戶的你可能認為第一步是討論顧問人選過去的成功記錄，但我們其實把這看成第二步。你的第一要務是確保顧問對 OKR 的定義跟你的一致。同樣的，由於 OKR 這項工具的興起引人注目，可以想見會有愈來愈多公司提供 OKR 服務。不過，那些真的是 OKR 嗎？他們兜售的產品可能是沒那麼精密的儀表板、偽裝成 OKR 的 KPI，或是無關的軟體解決方案。務必要確定他們對 OKR 原則的定義合乎你的期望，滿足這項條件後，就能調查他們過去客戶的投入狀況，藉此判定其運作模式、典型規模，當然還有他們的客戶是以何種方式從他們的手法中獲利。

- **尋找各種技能**：有才能的顧問必須樣樣精通，不但要善於溝通，要清楚又確切地表達概念，同時還要能跟公司裡的

所有層級保持聯絡。協調技能顯然是要件，畢竟工作內容多半是要帶領充滿衝突的工作坊進行 OKR 的草擬和定義。在整合資料與材料時，分析技能也是必要條件，有利做好適當的準備，促進成效。務必確定你考慮聘請的顧問具備必要技能，能有信心又稱職地帶領大家投入。

- **知識轉移**：顧問公司構思的每項工作計畫都有個關鍵環節，就是充分並即時地將知識從顧問端轉移給簽約企業的員工。知識轉移正如字面所示，是要把關鍵概念與技巧的知識從顧問那裡傳遞給客戶。然而，顧問為了達成更實質的工作成就，滿懷熱忱地按預算準時完成工作，可能會在疏忽下犧牲了知識轉移活動。發生這種情況，企業要付出慘痛代價。顧問一離開，企業就沒了維持動力所必備的技能與知識，難以達到原先預期的目標。務必要讓合作的顧問付出必要的時間，全面分享 OKR 知識。

- **文化適應**：我們其中一人 —— 就是保羅 —— 還待在業界時，有過一次有趣的經驗。保羅任職的公司雇用知名的顧問公司來協助專案的改組。該公司的文化非常開放，大家分工合作，氣氛友好。有些會議實際上會晚一、二分鐘才開始，因為與會者都在彼此擁抱。

然而，被派到該公司的顧問團隊在做法上卻天差地遠，他們關在會議室裡，在走廊上很少與其他人有眼神接觸，只跟資深高階主管團隊講話。那些顧問或許自認專

業，但在員工眼裡，顧問的冷淡舉止很不親切，態度疏遠，甚至自以為高人一等。不同的風格引發衝突，影響了投入度，員工覺得跟顧問合作很不自在，肯定也無法對顧問坦承相對。雙方的嫌隙很快就變得無法補救，那家顧問公司就被請走了。

在考量顧問夥伴時，文化「適應」是頻遭忽視的一項特質，其實它應該跟知識、經驗平起平坐才對。雖然你不會跟顧問建立密切的關係，但貴單位在研擬 OKR 期間，顧問會是極為重要的環節。忽視華美的宣傳單或網站，看看你每天要應對的真實人們吧！顧問是否適應貴單位的文化？高階主管和第一線員工是否願意跟顧問並肩工作？如果答案是否定的，那就繼續找別的顧問吧！

結語 ── 幫助組織獲得高收益

有些陳年的商場麻煩事似乎永無褪去的一日，而辦公室政治總是出現在腦海裡，畢竟在企業裡工作多半算是十分刺激又有所得的一段時間。過去數十年來，我們目睹各種領域 ── 變革管理、組織結構、職場上的腦神經學應用 ── 獲得極高的收益，把管理法提升到近乎藝術的層次。

儘管在理論上、實務上都有莫大的進展，但許多企業在面

臨傳達及執行他們獨有策略等最基本的挑戰時，還是走得跌跌撞撞。我們深信，員工知道公司首要優先事項後的執行成果不但會合乎共同的宗旨，還會有動力邁向成功。OKR 以簡練確切又有效的方式發揮作用。

本書前頭就提過了，OKR 模式的源頭可回溯到上世紀中葉，但最大的成長發展期肯定才剛從我們的周遭開始。數位時代的一大恩賜就在於如閃電般快速散播的有效概念，而 OKR 絕對是落在那個類別裡。全球各地有愈來愈多企業意識到、也開始運用 OKR 原則的潛能，而經過那些企業的試驗、修補、修改後，OKR 應會往上提升，到達全新且前所未料的高效用。

在此分享我們對這種組織成效革新方式的想法，實在何其有幸。在 OKR 旅程的這一段路，你讓我們擔任嚮導，感激不盡。願你大獲成功。

第 7 章

成功典範

　　谷歌成功應用 OKR 模式，引起大眾關注，所以一說到 OKR，大家往往只會想到矽谷。然而，這個可塑性很強的原則其實適合用於任何企業、任一處。我們何其幸運，能跟全球各行各業、規模不一的公司攜手合作。我們想要跟你分享他們的故事，不過，該怎麼做呢？

　　你要是讀過商管書（你應該不是第一次讀這類書籍吧！），就會曉得列舉公司案例來展現關鍵重點，其實是標準做法。就這方面而言，我們跟其他作者沒有什麼不同。我們開始撰寫本書前，聯絡了幾家很熟的企業（大部分是從事顧問工作認識的，但不是每家都如此），請他們完成問卷調查，把他們的 OKR 經驗記錄下來。我們的用意是讓個案的名言出現在本書各處，替我們的主要建言增添色彩與背景脈絡。

　　你讀了本書就會明白，我們對此下了不少工夫，但名言的數量可能不及其他書籍。我們收集到的答案都很好，內容也很充實，要是去讀整體內容，肯定獲益匪淺。要是跨章剖析，整體的訊息就會減弱了。

　　後續頁面描述的幾家公司，是頗具啟發又富有教育意義的故事，那些公司的規模小則有 100 位左右的員工，大則超過 3.3 萬名員工，而且遍布世界各地。[1] 在此鼓勵你仔細閱讀每一篇故事，把其中諸多教訓應用到你的 OKR 實踐。好好享受吧！

印度電子商務巨頭 FLIPKART

Flipkart 成立於 2007 年,在印度是數一數二的電子商務市場,提供的產品種類超過 70 種,品項超過 3,000 萬項。員工超過 3.3 萬人,服務的註冊使用者達 4,500 萬人,每日造訪次數達 1,000 萬次。這些是很大的數字,而加起來後,Flipkart 成為印度第一家價值 10 億的電子商務公司。我們樂於跟該公司前任幕僚長尼柯特‧德賽聊一聊。

為何引進 OKR?你們有考慮採用別的計畫嗎?

我們的組織高度複雜,涵蓋後勤、核心技術、廣告。每個環節各有其困難的地方,都稱得上是公司的莫大擔憂。而全部三者必須共同運作的話,就更是難上加難了。

OKR 的實踐是整個公司上下的努力,首要就是在核心的 Flipkart 初步計畫達到契合。OKR 具備的那些務實環節,就如同編纂目標前就預先調校的數值評估,對於閉門造車的單位而言,可帶來諸多莫大的好處。

是誰發起 OKR?(是誰讓你們注意到 OKR?你們是怎麼注意到 OKR?)

是產品長普尼特‧索尼(Punit Soni)跟我提起的,主要是在訓練過後應用在我們的分部那裡,而我們也把 OKR 模式應用

在谷歌和摩托羅拉（Motorola），大獲成功。

是誰支持 OKR 的實踐？

普尼特在產品型部門支持 OKR 的實踐。

你們是在企業何處研擬 OKR？是在公司層級？還是在事業單位層級？為什麼？

一開始是在事業單位層級，因為我們當時正設法了解資源的配置與運用，還要提出關注的焦點。後來發現原來公司的其他層級也想獲得這些好處，而既然 OKR「彼此相處融洽」，於是公司就廣泛採用 OKR 了。此後，OKR 擴及超過 1 萬名員工，影響的員工達 3.3 萬人。

你們研擬 OKR 時採取何種流程？是高階主管培訓課、充電靜修營、工作坊之類的嗎？

首先，我們的業務團體採取以下方法推行：

- 把備忘錄寄給大家，解釋何謂 OKR，為何要採用 OKR。
- 還列出了一些企業採用 OKR 的具體例子。
- 我們舉辦全員大會，讓員工進一步領略（我們應用 OKR 時信奉的宗旨）。
- 我們請直屬部下向產品長提出他們草擬的 OKR。
- 我們召集不同的團體，對於哪些要素能不能構成優良的

OKR，相互爭論的團體會取得共識（並提早處理好依存關係）。

- 我們會把前述內容發表在公開網站上，傳播到整個機構。我們覺得大家務必要知道我們在做什麼。
- 最後，我們再度舉辦全員大會，檢討 OKR 完稿。

最初的 OKR 很粗略，我們花了大約三季的時間，才消除 OKR 當中的缺陷和混淆處。最常見問題如下：

太多工作，不夠專注（在真正重要的事物上！）。

想把 OKR 當成有約束力的文件使用（賞罰並用）。應用 OKR 的難處就在於 OKR 有時看來很像契約。目標與關鍵成果是一種反覆的流程，需要協商，需要設立可拓展能力的目標。要做到這點，整個公司上下就必須建立莫大的信任。舉例來說，讓團隊由下到上評估他們覺得自己該做什麼，可以達到什麼成果。如果只是由上到下，成果也「直接」連結到績效，那麼 OKR 會變得更像是合約，團隊最終會用 OKR 迫使彼此做好工作。

OKR 其實能展現大格局及多種服務和團隊之間的複雜互動，藉此協助多個複雜的機構共同合作。眾人對大局的信念可在必要時推動多個團體取得共識，以公平的方式進行優先次序分類，並重新排定優先次序。如果把 OKR 當成管制手段，也就是純粹是契約規定的義務，沒有顧及手邊現有工作（日常業

務），那麼 OKR 在契合及拓展思維方面的能力就永遠無法展現實質力量。

為了讓人員專心去做對的事，要怎麼確保 OKR 反映出企業的策略？

我們做了幾件事。首先，建議你多花一點時間去做。運用 OKR 的人們會犯下的主要錯誤就是這個，他們覺得 OKR 很合理，就一股腦投入其中，不過，看來簡單的事，做起來可不容易。OKR 看似簡單，是因為把驚人的複雜度包含在裡頭，而把那複雜度埋藏起來後，OKR 就看似做起來容易了（OKR 變得很有成效後就格外是如此了）。

此外，務必要懂得聆聽。OKR 應該最起碼要有一部分是由下而上進行的。團體應該說出他們打算要做的事，把意見綜合起來。領導階層應該接受他們的意見和指示，再結合自己的意圖，打造出有策略又腳踏實地的現實。

最後，讓大家熱烈討論。爭論情況加劇時，請大家提出建議，不要提出答案。此時，最棒的概念和實質的初步計畫就會浮現了。

你們如何 OKR 評分？

採用 0 分至 1.0 分的評分制，季中和季末各評一次。

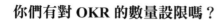

你們有對 OKR 的數量設限嗎？

在此提供以下指示：建議制定三至五個目標，一個目標含有的關鍵成果數量約三至五個，或稍多一點。

誰負責持續管理 OKR 流程？

我們有個幕僚長團隊，在機構裡主要負責流程運作。公司的領導者應該要自行草擬、評分、處理依存關係。領導階層會安排考核日期，實際給予意見。

你們有把 OKR 推行到企業裡較低的層級嗎？

我們最起碼會往下深入三至四層的團隊，但是到了那時，就不會強制要求了。這流程是要全面部署 OKR（一直到個人層級），而根據我們的經驗，主要的益處是發生在大概頭三個層級（「長」字輩的高階主管、副總、總監）。如此一來，就能打造出大家渴望尋求的契合與關注。

你們如何確保所有 OKR 都契合？

首先，建議召開專門會議，人員可前來解決問題（尤其可跨團隊解決）。其實如果機構有完善的規畫，人員都充分理解職能與權責，依循機構的走向做事，處理起來就比較簡單。機構體制呈現出複雜的業務，OKR 也會隨之複雜起來。

如果你懂得自己該量測的項目，也懂得哪些事項對貴企業

很重要，那麼確立可量測的成果就容易了。我發現 OKR 的品質及人員對自身業務的理解有著密切的關係。盲目追求成長，卻不了解具體指標（營收推手、假設檢定等）背後的關鍵理由，就可能會讓人員誤入歧途。

我們的 OKR 錯綜複雜，剛開始難以契合，可是一段時間後就會變得簡單些，因為人員會處理自身的依存關係與協商內容，再加上組織塑造，於是得以自然而然達到契合。OKR 會向你透露出貴單位的將來走向。根據定義，依存關係會呈現出大家的心力是匯聚還是分歧，而在一段時間過後，還能透露出組織必須落實哪些變革。

你們在傳達及教導企業運用 OKR 時，採取何種做法？

過度溝通是不可或缺的環節。要提供資源，要讓資源容易被人找到。不光是電子郵件，還研擬了 OKR、範例文件、簡報的「務實指南」供其他領導者使用，也在公司內部舉辦了幾個午餐會，作為宣導、解釋、實踐 OKR 之用。

我們還把所有的 OKR 與資源放在同一個地方。所有東西都放在同一處，人員就比較容易找資訊，而這正是成功實踐的關鍵環節。

我們對時間線與 OKR 的共享抱有一份堅持。我們廣泛分享OKR，鼓勵其他團隊和團體分享他們的 OKR，促進意見交流、相互檢討、彼此理解。此外，我們有領導者投入 OKR 當中，向

大家展現 OKR 不該視為中階管理階層要處理的「忙碌工作」。我們會跟主要團隊一對一會談，確保我們領會了 OKR 的策略方向，並協助團隊深入了解我們設法邁向的去處。

最後，我們還仰賴全員大會與員工會議。我們最高層級的領導階層展現出大力的支持，呈現出公司的 OKR 及各 OKR 背後的動力。要讓 OKR 與團體的互動方式有其背景脈絡，前述活動也是一大手段。

團體要以何種方式呈報及檢討 OKR 成果？

我們會在季末進行考核，以利下一季 OKR 的評分與草擬。然後，在新一季的初期，我們會舉辦全員大會，簡報 OKR。此外，還會進行中期 OKR 查核，但這類查核多半是在線上進行。

你們有使用 OKR 專用的技術系統嗎？

我們正在打造自己的 OKR 工具，以利在整個公司內進行 OKR、依存關係、自動化通訊的管理。

科技是不是帶來了新的益處？

肯定是這樣，專利科技帶來的助益遠超乎 OKR 管理法。

你們現在或以前有考慮把 OKR 連結到獎酬嗎？為什麼？

沒考慮過，頂多是稍微想過吧！ OKR 不提供情勢或工作的

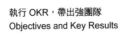

背景脈絡，只會提供成果。決策與成果應該劃分開來（基本決策理論），因此直接連結到獎酬同樣容易淪為競賽。比較重要的一點是人員拓展能力，努力嘗試、不怕失敗，然後達到目標數字，獲得獎酬。

你們有把 OKR 連結到績效考核嗎？為什麼？

同樣的，這樣可提供背景脈絡，但績效考核具體上是跟發展和意見有關。

你們從 OKR 獲得哪些具體好處？

有以下幾項好處：

• 全公司透明化，取得共識，邁向契合。
• 著眼於成果，不著眼於「努力工作」。
• 強迫思考，更善於表達概念與策略。
• OKR 會成為公司文化的一部分。我協助該計畫的採用，後來卻離開公司。然而，OKR 留了下來，展現出 OKR 原則本身的力量。

你們如何確保公司持續有動力落實 OKR ？

• 必須由上到下推行。
• 在會議、簡報、策略應用的表現形式上，展現 OKR。
• 讓 OKR 普遍提供且容易找到。

你們在實踐 OKR 時，最意外的事情主要有哪些？

OKR 是當成球棒使用。人們往往會把 OKR 看成是契約規定的義務，而不是渴望的成果。

你們會在哪方面改變做法？

- 專注。少即是多。
- 從最高層級開始，慢慢往下面的層級落實 OKR，而不是一次在所有層級落實。
- 進一步探討有哪些「標準業務」作業需要落實，而非探討 OKR。沒有維護作業並不代表你就此放棄。

你們會建議其他公司採用 OKR 嗎？為什麼？

當然會！

美國最大求職網站 CAREERBUILDER

每個月有超過 2,400 萬訪客前往美國最大求職網站 CareerBuilder 尋找新工作與職業建議。CareerBuilder 公司在人資解決方案上堪稱為全球領導者，合作的雇主遍布世界各地，《財富》一千大企業當中有 92％ 都是合作對象。CareerBuilder 公司致力媒合適當的人才與適當的機會，而且頻率高過於其

他網站。CareerBuilder 敏捷開發經理安迪‧柯魯彼特（Andy Krupit）向我們逐步說明他們的 OKR 實踐情況。

為何引進 OKR？你們有考慮採用別的計畫嗎？

我們沒有考量過其他計畫。選擇 OKR 主要是因為 OKR 模式具備以下特性：

- 更著眼於我們心目中的重要事項
- 在業務方面跨團隊的契合度更高
- 有責任：來自業務的「正面」張力

是誰發起 OKR？（是誰讓你們注意到 OKR？你們是怎麼注意到 OKR？）

索妮亞‧馬丹（Sonia Madan）以敏捷教練的身分跟我合作，她讓我注意到這個概念。我很快就看到了機會，可以把 OKR 原則當成工具使用，促進我們看見的需求獲得滿足。我們在公司外部跟 IT 領導者討論過，也檢討了瑞克‧克勞的谷歌影片。我們都同意要跟商業夥伴一起採用並追求可信度。

是誰支持 OKR 的實踐？

我們的資訊長羅傑‧弗哲。

你們是在企業的何處研擬 OKR？是在公司層級？還是在事業單位層級？為什麼？

我們在「團隊」層級（即事業單位與 IT 團隊）採用。我們是敏捷型／精益型的店家，這深植於我們公司的文化。我們想要先在團隊層級應用 OKR，探索一番，藉此了解 OKR 原則的影響與成效，然後再於其他層級採用 OKR。

你們研擬 OKR 時採取何種流程？是高階主管培訓課、充電靜修營、工作坊之類的嗎？

最初，我們舉辦為期 3 天的工作坊，對象是技術領導者、產品負責人、業務領導者。有好幾堂 3 至 4 小時的課程可供各「團隊」修習。在工作坊開始之前，班·拉莫會向各團隊介紹 OKR。

下圖是我們每季的 OKR 流程。

創立／定稿：團隊會**草擬**（使命，一至兩個目標，一個目標含有兩個或更多的關鍵成果）；**契合**（對其他合作團隊進行契合度的查核）；**改進**：藉由改進會議，跟 OKR 教練共同討論（我們三個人作為中立第三方促成，讓別人嚴密思考）；**定稿**：跟企業的資深領導階層共同討論。

季中查核時，關鍵成果負責人會進行關鍵成果的追蹤、更新、評分、呈報（團隊業務簡報）。

產品負責人和關鍵成果負責人一起在季末檢討 OKR、藍圖

季末 OKR 檢討
• 股東與 IT

OKR 的創立 / 定稿
• 該季第二週

每月關鍵成果追蹤
• 關鍵成果負責人每
月提供最新的關鍵
成果進度

季中 OKR 查核
• 股東與 IT

等，重新討論關鍵成果的評分。

你們是使用谷歌模式嗎？若是，你是否根據貴單位的情況修改模式？

是，我們喜歡谷歌評分模式，所以保留了該模式。不過，在個人層級實踐 OKR，我們覺得那是一次就改變全部，變化太大了，所以就把那部分給延後了。

為了讓人員專心去做對的事，要怎麼確保 OKR 反映出企業的策略？

OKR 教練召開協調會議，跟我們的業務團體和 IT 領導者一起草擬當季的優先 OKR。通常會使用「五個為什麼」技巧，好讓業務重心放在「原因」上，而不是「方法」。

你們如何替 OKR 評分？

像谷歌那樣採納 0 分至 1 分的評分制，使用三種分數等級（0.3 分、0.7 分、1 分）。

- 0.3 分：我們預期在該季達到的分數。
- 0.7 分：「拓展能力」。有一些依存關係，並非一切都在我們的掌握中。
- 1 分：這會動搖每個人的世界。並非不可能，卻貌似不可能，也叫做「超拓展能力」？

你們有對 OKR 的數量設限嗎？

我們第一次並未設限，但回首過去，是應該設限的。或許，有鑑於我們合作的團隊數量，應限制在一個目標才對。至於日後應採取何種處理方法，我們會持續使用反覆式（iterative）的做法。建議團隊的目標不要超過三個。

你們研擬最初的一套 OKR 需要多久時間？

1 個月（工作坊、草擬、契合、改進、定稿）。

誰負責持續管理 OKR 流程？

OKR 教練，主要重點則是由產品負責人經理莎賓娜‧皮克羅（Sabrina Pickeral）引導。

你們有把 OKR 推行到企業裡較低的層級嗎？

沒有。

你們在傳達及教導企業運用 OKR 時，採取何種做法？

隨著我們開始接洽及培訓那些跟 IT 部門合作的事業單位，有許多事業單位開始宣導 OKR 的價值所在。現在我們機構裡有其他領域想要應用 OKR 原則。

你們如何確保所有 OKR 都契合？

在我們的 OKR 草擬流程當中，有個環節叫做「契合度的查核」，該環節是關係到依存的事業單位／團隊，並確保我們的工作不會相互抵觸。此外，我們最初是以簡單的 Excel 文件，把 OKR 發布在公開位置，供大家查閱。如要了解 OKR 之間的關係，這種方式並不理想，卻是個開始。目前我們正在探索替代方法，想讓 OKR 變得更加透明，更易運用。

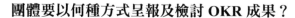

團體要以何種方式呈報及檢討 OKR 成果？

現在，我們正運用自家**有紀律的自由**的文化價值。團隊／關鍵成果負責人使用他們自己的方法來確保透明化。

你們有使用 OKR 專用的技術方案嗎？

我們一開始是採用自家的解決方案，能輕鬆更新評分，但現在那已經擱在後頭了，畢竟要採用該解決方案又要落實 OKR 概念，未免太過麻煩。因此，最初是採用 Excel 作為起點。

科技是不是帶來了新的益處？

我們尚未進入科技實踐階段。

你們現在或以前有考慮把 OKR 連結到獎酬嗎？為什麼？

沒考慮過。我們試過其他指標，結果發現我們推動了不對的行為。我們終究希望 OKR 始終是有抱負的。要是連結到獎酬，抱負就沒了。

要是有可能直接獲得薪資獎酬或獎金，就會沒有抱負。然而，我們正在思考 OKR 對獎勵計畫的好壞影響。個人付出的心力會直接顯現在關鍵成果所受到的影響上，有些人以為個人的績效可以完全跟獎酬劃分開來，可是在我們看來，那種想法不太實際。那就像是業務要承擔風險，數字直接影響獎金高低。然而，我們終究希望 OKR 始終是有抱負的，我們也明白，把

OKR 直接連結到獎酬，可說是背道而馳。

過去，我們讓其他指標連結到獎酬（即獎金），結果最終引發了不對的行為。我也覺得，如果某件事很透明又有競爭性質，總是很可能引發不對的行為。我們要找的是「適當的」平衡。落實 OKR 的關鍵就在於堅持營造出眾人合作又有透明化的關鍵成果環境，而這十分契合我們在工作上採取的敏捷型做法，應該有助於消除刻意低報、隱藏實力的行為。

你們有把 OKR 連結到績效考核嗎？為什麼？

OKR 不是用來確定績效分數，而是會影響到績效分數。在績效評鑑期間，我們把 OKR 當成是對話的部分內容，因此 OKR 是可促進持續改善的一種工具。

你們從 OKR 獲得哪些具體好處？

我們還算是流程的新手，但目前看到的最大好處就是進行有策略／有遠見的對話，討論我們做事的**原因**，而非埋著頭就去做。這點有助我們在日常工作上獲得莫大的專注力和使命感。

你們如何確保公司持續有動力落實 OKR ？

要讓 OKR 始終是我們跟商業夥伴日常對話的一部分。一旦 OKR 成為 CareerBuilder 詞彙的一部分，我們就抵達了烏托邦。

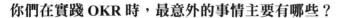

你們在實踐 OKR 時，最意外的事情主要有哪些？

企業的經營部門認為採用 OKR 沒有太大價值，但他們著眼於 OKR 的**原因**後，卻找到了莫大的價值。還有另一點叫人出乎意料，這類對話隨即促成一堆團隊在初步計畫上攜手合作，而這種情況在之前不太可能發生。他們意識到大家有共同的目標，於是就團結起來了！

你們會在哪方面改變做法？

我們設法讓整家公司一下子都改變用詞，那十分困難。一開始是從 IT 著手進行，於是大家自然而然覺得 OKR 是 IT 的事，對他們沒好處。我原可選擇一個主要的事業單位，把我們心力投入該單位一季，贏得勝利，然後再分享經驗給整個公司，慢慢讓更多單位採用 OKR 原則。

你們會建議其他公司採用 OKR 嗎？為什麼？

當然會建議其他公司運用 OKR。秉持這個思辯原則，就能著眼於做事的原因，團隊也能使用同樣的詞彙對談，凝聚團隊精神，如此就能做好準備，邁向未來的成功。此外，還能增進合作，確立／界定策略，激發創新。

歐洲線上時尚平台翹楚 ZALANDO

Zalando 是歐洲數一數二的線上時尚平台，販售男裝、女裝、童裝。2008 年成立於柏林，今日的服務範圍遍及 15 個國家，提供超過 1,500 個品牌的各種時尚產品。Zalando 在歐洲雇用的員工超過 1 萬人，2015 年的營收接近 30 億歐元。品牌解決方案部副總克里斯多夫‧朗格（Christoph Lange）親切地把 Zalando 的故事告訴我們。

為何引進 OKR ？你們有考慮採用別的計畫嗎？

我們從運用 OKR 的公司（例如谷歌）那裡收到很好的反應。OKR 制度具備全球的契合度，全面的透明化，更奠定在信任和合作之上。OKR 原則也很容易理解，我們對此也很重視。

是誰發起 OKR ？（是誰讓你們注意到 OKR ？你們是怎麼注意到 OKR ？）

我參觀谷歌總部，很多人都提到 OKR 是很厲害的方法。參觀期間，我有機會跟瑞克‧克勞見面，他提到他在 YouTube 上面的影片（那是 2013 年 8 月的事）。

是誰支持 OKR 的實踐？

我們十分幸運，能在 Zalando 工作，有很多自由可嘗試

新事物。當時我正在籌組新部門，就是 Zalando 品牌解決方案部，我決定一開始就運用 OKR。董事會很支持我的決定。

你們是在企業的何處研擬 OKR？是在公司層級？還是在事業單位層級？為什麼？

我們是從一個部門開始著手進行，也就是從品牌解決方案部開始。品牌解決方案部可讓時尚夥伴在 Zalando 平台上跟顧客建立關係。一開始，團隊專注提供簡單的方法（內容管理系統〔Content Management System, CMS〕與分析工具即是其中一例），品牌可在自家的品牌店輕鬆發布數位內容。如今，品牌解決方案部已準備好把每個時尚產業（品牌、零售商或傳統店家）的庫存貨完全整合到 Zalando 平台，把他們的產品提供給消費者。

就這方面而言，我們在部門層級、團隊層級、個人層級應用 OKR 達三季之久。到了第四季，OKR 計畫推行到整個公司，從資深管理層級開始，然後拓及大型的部門與團隊。

你們研擬 OKR 時採取何種流程？是高階主管培訓課、充電靜修營、工作坊之類的嗎？

我們一開始對該主題進行大量研究。如前文所述，我們跟谷歌的人對談，還讀了一堆部落格、文章，仰賴其他資訊來源。

至於實踐方面，在品牌解決方案部的內部，我們跟一小群

領導者創立 OKR，然後介紹給團隊。

等到要在公司大範圍推行時，我們有班‧拉莫在外頭支持，還舉辦一連串的培訓課程和工作坊，供領導者和 OKR 專家學習基本的 OKR 理論，讓他們懂得提出問題，並在團隊草擬 OKR 時給予支持。現在，我們有一群老練的 OKR 專家討論當中的學習與挑戰，讓 Zalando 的 OKR 做法更加精進。

你們是使用谷歌模式嗎？若是，你是否根據貴單位的情況修改模式？

主要是這樣沒錯。不過，我們做了調整，以便符合我們的具體需求。

為了讓人員專心去做對的事，要怎麼確保 OKR 反映出企業的策略？

OKR 絕大部分應該連結到我們公司內部的高層級 OKR。我們以年度和季度為基礎，創立公司層級的 OKR，反映出我們的整體策略。

你們如何替 OKR 評分？

我們使用 0 分至 1.0 分的評分制，而 0.7 分是「甜蜜點」。我們的 OKR 是公開評分，我們不會把 OKR 連結到獎金或人員績效。

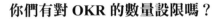
你們有對 OKR 的數量設限嗎？

有，為確保我們推動專注力，一開始的上限是五個目標，一個目標最多可以含有四個關鍵成果。現在我們正在探索有沒有可能進一步減少 OKR 的數量，藉此增加專注度。

你們研擬最初的一套 OKR 需要多久時間？

在品牌解決方案上，我們一個人要投入 8 小時（就整個團隊而言），才能研擬出第一個季度 OKR。

誰負責持續管理 OKR 流程？

我們在公司層級有 OKR 委員會，可確保由下到上的 OKR 是足夠的，還能以季度為基礎，設立及檢討公司層級 OKR。然而，公司沒有 OKR 專用的中央流程，是由團隊負責 OKR。不過，我們確實有中央的支持可協助員工。我們盡量鼓勵 OKR 專家在 OKR 的草擬過程中從旁協助。

你們有把 OKR 推行到企業裡較低的層級嗎？

有，2015 年年底，OKR 全面往下推行到副總層級，在副總層級以下的團隊，OKR 是選用的。採取分階段的做法，有利我們專注在學習上。2016 年起，所有團隊都投入 OKR。

你們在傳達及教導企業運用 OKR 時，採取何種做法？

我們採用多種方法傳達及教導員工運用 OKR，例如：

- zTalks：每季把我們公司的 OKR 和分數即時串流給全體員工。
- 在部門員工會議介紹 OKR。
- 保持 OKR 透明化，大家都能查閱每個人的 OKR。
- 團隊 OKR 海報，掛在所屬部門。
- 培訓課程、影片、簡報。

你們如何確保所有 OKR 都契合？

每位 OKR 負責人都必須跟所有具依存關係的團隊會面，獲得其他團隊的信任以後再定稿，這過程稱之為**契合週**。此外，我們也堅持 OKR 創立流程要全面透明化，這樣每個人才會意識到研擬的內容。

在品牌解決方案部，我們跟整個團隊共同舉辦季末 OKR 工作坊，一起構思部門 OKR 的草稿，於是這趟旅程的進度完成了80％。過去是在單一團隊裡收集意見，不過，把品牌解決方案部裡所有團隊召集起來，從頭草擬 OKR，完成 80％的進度，這種做法比我們團隊閉門造車草擬 OKR 還要有效率許多。

為確保 OKR 能讓多個團隊更為契合，前陣子我們在Zalando 實施 OKR 契合週。契合週的用意是要在一週期間內騰出大部分的時間，跟所有必要的團隊與部門會談，在首要的

OKR 上取得共識。契合週是在一季的開端進行。

團體要以何種方式呈報及檢討 OKR 成果？

視部門而定。在此列舉幾種方式：舉辦全員大會，分享
OKR 分數；每兩週舉行評分會議，開放給所有人參加；在
Google 雲端硬碟使用共享文件。在品牌解決方案部，我們現在
也會跟所有團隊進行季中檢討，團隊會展現他們的成果，讓成
果變得具體起來。

你們有使用 OKR 專用的技術方案嗎？

我們即將實施專門的解決方案來管理 OKR（2016 年中）。
實際上，我們光運用 Google 雲端硬碟就整年都表現得相當好。

科技是不是帶來了新的益處？

是，有了科技，就有了同步的合作，做起事來快速又輕
鬆，還促進了權限與角色的管理（亦即人人都能留言提出意
見，但只有團隊能編輯）。最後，在科技的幫助下，OKR 變得
行動化，無論在哪裡都能存取。

你們現在或以前有考慮把 OKR 連結到獎酬嗎？為什麼？

沒有，我們認為最大的動機不是金錢，而是具挑戰性的目
標。員工永遠不該在個人獎勵與公司成就之間掙扎抉擇；個人

獎勵與公司成就應該永遠相輔相成才對。

你們有把 OKR 連結到績效考核嗎？為什麼？

沒有，OKR 不是績效管理工具。然而，OKR 長期上應當符合員工或團隊的績效，這樣在討論績效時才能把 OKR 納入考量。不過，確實沒有直接的連結。

你們從 OKR 獲得哪些具體好處？

我們每季都會介紹公司層級 OKR，因此 Zalando 的每個人都了解公司的方向。在品牌解決方案部的團隊裡，更可看到契合度大幅增加。實際上，我們有一項初期關鍵成果，就是讓品牌解決方案部各個團隊的契合度得以增加，而我們成功辦到了。

你們如何確保公司持續有動力落實 OKR？

我們建立 OKR 專家社群，專家會定期會面討論問題，分享最佳做法，最終得以確保我們不斷改善 OKR 的應用。我們期望 OKR 工具在 2016 年的推行也有助於提高動力。

你們在實踐 OKR 時，最意外的事情主要有哪些？

首先，多數人都覺得我們需要標準化的 OKR 專用工具，這樣流程才能順利運作，不過我們使用 Google 試算表，一整年都管理得相當好。

你們會在哪方面改變做法？

要改變做法的地方並不多。然而，我們確實開始指派負責人處理公司層級的關鍵成果。這一點之所以重要，是如果只把公司關鍵成果派給幾位高階主管處理，獲得的成效並不佳。

你們會建議其他公司採用 OKR 嗎？為什麼？

絕對會，這種做法十分簡單又有效，不但能產生契合度，還能一直專注於重要事項。

零售業巨擘西爾斯控股公司

西爾斯控股公司是數一數二的綜合零售商，著眼於數位與實體購物經驗的順暢連結，不管會員要在哪裡、在何時、以何種方式購物，都能服務會員。西爾斯控股公司 2015 年的營收超過 250 億美元，旗下有西爾斯羅巴克公司（Sears Roebuck and Co.）、凱馬特公司（Kmart）等多家子公司，美國各地有全商品線商店與專門零售店。策略人才管理總監荷莉・安格勒向我們概述了他們的 OKR 旅程。

為何引進 OKR？你們有考慮採用別的計畫嗎？

本公司約有 34 個事業單位，高階主管領導小組超過 290 個

279

圖表 7.1 OKR 是全球現象

本圖呈現目前採用 OKR 的一流企業所在國家，僅呈現部分國家。

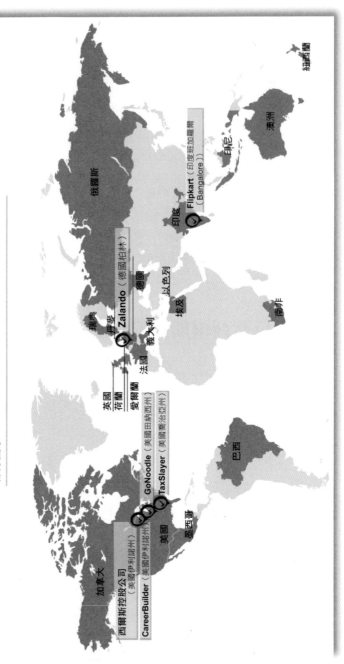

人，專員接近 20 萬人，還有支援部門、招商團體等各種業務部門，是複雜的大型企業，雖然我們努力在整個公司維持著我們對關鍵目標的專注力與透明化，卻是困難重重。光憑專員個人很難了解他自己的貢獻怎麼連結到更宏大的初步策略計畫。此外，我們一直努力在找方式跨越事業單位，達到更好的工作表現，而非只在事業單位內部進行。

我們公司正在轉型，需要的流程顯然要能讓我們變得更敏捷、有彈性，還要有能力一整年進行調整，因應市場與顧客的需求，更改策略與執行，藉此持續推動業務成果。要做到這點，OKR 似乎是合適的工具，而我們跟高階主管團隊共同落實前導計畫後，就不用探索其他選擇了。我們很有信心，我們找到了合乎需求的工具。

是誰發起 OKR ？（是誰讓你們注意到 OKR ？你們是怎麼注意到 OKR ？）

2013 年初，我們的執行長兼董事長艾迪・藍伯特（Eddie Lampert）向人資長和人才管理團隊介紹 OKR。當時，藍伯特看了谷歌創投影片，很想針對設立目標之方法重新討論一番，納入更頻繁、可量測、透明化的目標，協助整個企業工作起來更有效率，以期獲得有意義的成果。

是誰支持 OKR 的實踐？

艾迪讓西爾斯控股公司採納 OKR 以後，就一直是有力的支持者，不斷宣導 OKR 方法。實際上，他經常使用公司內部的社群媒體平台，把檢討機構資深領導者的 OKR 後所獲得的優勢與洞見給傳達出去。

當時的人資長狄恩‧卡特（Dean Carter）以及人才管理主管克里斯‧梅森（Chris Mason）積極參與其中並倡導 OKR 做法，而我們不斷努力讓整個機構都能接受。隨著我們跟高階主管領導小組共同進行 OKR 前導計畫，他們也輪番倡導更頻繁的目標設定流程，並在他們各自的單位持續支持 OKR。

你們是在企業的何處研擬 OKR？是在公司層級？還是在事業單位層級？為什麼？

最初我們是跟高階主管領導小組共同進行 OKR 前導計畫兩季之久。我們收集研究結果，確定這種做法不只是切實可行，還是設立目的時可用的邏輯思維流程，於是就把 OKR 拓展到約二萬名專員。我們持續擴展 OKR 涵蓋範圍以利挑選計時員工，也總是在探索各種機會以利持續擴展規模。

你們研擬 OKR 時採取何種流程？是高階主管培訓課、充電靜修營、工作坊之類的嗎？

我們的 OKR 旅程一開始是確保自己能遵循第一條規定：

「促成機構的 OKR 完全透明化」。於是，我們馬上跟開發團隊合作，利用公司內部的社群媒體平台，進行 OKR 的輸入、評分、分享。在幾週的時間內，我們創立了初步的 OKR「平台」。我們跟高階主管領導小組共同發起前導計畫，還請他們輸入本季要進行的幾項目標，到了季末還要登入平台，對關鍵成果自評。

我們請一位 OKR 專家特別為資深領導者進行高階主管的輔導，這樣他們就能了解我們採用 OKR 的**原因**，以何種**方法**寫出有意義的目標與關鍵成果。人才管理團隊還會個別支持領導者，協助他們把商業的策略化為可量測的 OKR。此外，我們特別為資深領導者開設個人化的 OKR 與績效管理入門課程，還在公司辦公室開設現場課程，以利教導及練習 OKR 的設立與評分。前述課程已錄製下來，在整個機構持續推行。

你們是使用谷歌模式嗎？若是，你是否根據貴單位的情況修改模式？

絕大部分是這樣沒錯。我們確實做了若干修改，確保模式合乎我們的業務需求。舉例來說，我們不一定要為了公司裡的每個團隊，而在團隊層級設立 OKR。我們更強調的重點是設立個人的 OKR。我們稍微修改了做法，把主要的個人優先事項納入其中，並能顯現出事業單位優先事項，從而有助專員的 OKR 合乎公司的策略。

為了讓人員專心去做對的事，要怎麼確保 OKR 反映出企業的策略？

在公司裡大範圍採用 OKR 將近一年後，我們決定正式把 OKR 當成是全面整頓績效管理流程時的一個環節。結果，在全新的動態績效做法當中，OKR 成了設立目標時採用的主要技巧。有鑑於西爾斯控股公司的規模與複雜度，我們想確保那些專員都清楚知道他們有能力讓個人 OKR 契合更宏大的業務目標。因此，我們對**個人優先事項**劃分了層次。

優先事項代表的是主要的工作，是你職務的核心部分，是時間較久的關鍵專案（也許是 6 個月、12 個月，或甚至更長的時間）。有了優先事項，個人層級可達到更高的契合度，但在事業單位層級與公司層級不一定能如此。因此，我們請 34 位的事業單位領導者把他們的策略發表在內部平台上，而那裡就是 OKR 技術所在之處。

事業單位優先事項是公司打算在指定的一年內達到的二至三個主要成果，是絕大多數的專員可以、也將會在個人層級有所貢獻的優先事項。這類的事業單位優先事項是直接配合我們的公司策略。因此，每位專員可直接讓個人 OKR 契合主要優先事項，而主要優先事項又連結到事業單位優先事項，從而契合整體的公司策略。

你們如何替 OKR 評分？

　　每季的季末，專員會使用 0.0 分至 1.0 分的評分制，對自己個人的 OKR 自評。1.0 分表示「成功了」，換句話說，就是在特定的目標有了很大的進展；反之，0.0 分表示毫無進展。人多半都會想著自己的進度，從而想著自己個別的分數，亦即進度百分比。舉例來說，假如我的目標是銷售額增加 10％，到了季末銷售額增加 5％，那麼我給自己打的分數會是 0.5 分。

　　專員務必要懂得運用自評分數，不是作為直接衡量績效用，而是去深刻理解自己達成的事，可繼續做出什麼進展，下一季如何應用所學。舉例來說，假如有專員始終把自己評為 1.0 分，就表示他並未運用 OKR 設立出可拓展能力的目標，較有可能是設立出自知能達成的目標。OKR 應該是要有抱負的。理想上，分數應該落在 0.6 分至 0.7 分的範圍內，這表示一整季專員都在拓展能力，同時也有很好的進展。

你們有對 OKR 的數量設限嗎？

　　有，實際上，專員每季只能輸入五個目標。每個目標裡，專員最多可確立四個關鍵成果，但當然不會強迫專員一定要輸入四個。專注力是 OKR 的關鍵要素，要思考某一季可以在哪幾個目標取得重大進展，從而促使主要優先事項獲得有意義的進展。2015 年，我們發現 OKR 是絕佳工具，還能讓人專注在個人或專業的發展目標上。在目前的情況下，我們可讓專員在五

項目標中選擇一項當成「發展 OKR」，並找出哪些關鍵成果有助專員在特定技能、能力、文化信念、行為等的發展上持續有所進展。

你們研擬最初的一套 OKR 需要多久時間？

比你以為的還要久，這點令人意想不到。等你體會到工作及真正目標之間的差異，對於設立目標的方式就會改變想法了，也會確信自己在季末能以有意義的方式進行量測。在我看來，身為專業人士的我們把設立目標視為理所當然，等到採用 OKR 等思維原則以後，才明白之前那樣設立目標，成效有多麼低落。

雖說如此，要讓資深領導小組取得共識，研擬出公司層級或團隊層級的一套**優良** OKR，可能還是需要一段時間才行。此外，管理 34 個事業單位，更是增加了複雜度，無助於加快流程。至於個別的專員，我們會請他們利用該季最後一週以及該季第一週，對 OKR 進行評分並草擬 OKR。到了該季第一個月的尾聲，專員的 OKR 應該歷經了改進、契合的過程，專員也應該已經開始努力工作，以期有所進展。

誰負責持續管理 OKR 流程？

西爾斯控股公司的文化就是強調個人責任，我們制定了一些工具與流程，用以鼓勵專員在經理的指引與支持下承擔起績

效與生產力的責任。OKR 這個工具是**專為**專員打造，因此個別的專員要負責管理自己的 OKR，也就是專員要負責 OKR 的評分、輸入、契合，跟經理討論 OKR。

你們有把 OKR 推行到企業裡較低的層級嗎？

最初 OKR 是推行到除了計時員工外的整體的受薪員工。我們重新設計績效管理法並納入 OKR 以後，就開始把這一套方法拓及機構裡的其他地方。此後，OKR 拓展到計時店長、計時保全經理，目前還推行到零售主管。其他業務領域也表達關注，我們打算繼續讓其他的計時員工有能力把 OKR 當成主要的目標設定機制，或輔助的個人生產力工具。

你們在傳達及教導企業運用 OKR 時，採取何種做法？

我們採用數種溝通管道告知專員有關 OKR 的事宜。每季的季末，西爾斯控股公司的溝通團隊會集中傳達給整體聽眾，提醒他們該要重溫及自評 OKR，開始輸入新一季的 OKR。之所以要提醒他們做這些事，是為了讓他們準備好跟經理進行季度查核對話，然後利用這番對話，在該季的目標上達到共識。此外，我們使用的技術會在新的 OKR 可輸入系統的那天自動發布提醒。

每季我們都會提供即時與預錄的工作坊，主題有：「把 OKR 調整成契合你的優先事項」、「利用 OKR 進行有效的查

核」、「寫出絕佳的 OKR：訣竅與技巧」等，可持續教導使用者撰寫有效 OKR 有何作用、好處、和最佳做法。這類工作坊專為特定對象開設，可確保內容跟特定業務相關，對參加的聽眾而言也是有意義的。除了特定對象的輔導與培訓外，還利用短片或插圖進行大致的溝通，藉此提高投入與認知，共享成功。

你們如何確保所有 OKR 都契合？

機構的規模很大，要集中確保 OKR 的全面契合，確實是難上加難。我們高度仰賴季度查核對話，專員和經理會在每季的開端討論個人的 OKR，以及其與團隊優先事項、事業單位優先事項、機構優先事項或目標的契合狀況。每個人的 OKR 都透明化的話，也有助於奠定契合度，而且專員要負起個人責任，確保 OKR 跟適切的成果相互契合。

我們有許多的團隊和業務領導者把 OKR 深植於日常作業當中，因此每週員工會議進行討論及報告進度時，OKR 往往是重要的主題。若能定期分享團隊層級的 OKR，就能一直提醒團隊成員，到底團隊打算達成什麼，而他們個人的貢獻或 OKR 又是怎麼發揮作用。

團體要以何種方式呈報及檢討 OKR 成果？

一開始，每個人的 OKR 是公開顯示在我們的內部平台。經理能直接取用及查看直屬部下的 OKR，反之亦然。在平台上，

西爾斯控股公司全部專員都可以搜尋得到，因此可找到專員的
OKR。平台上會顯示個人的使用情況資料，這功能叫做「行動
摘要」，會以視覺效果呈現個人在 OKR 評分和輸入方面的進
度。經理可在團隊層級查看，領導者亦可在機構層級查看（檢
視他們的直屬專員與非直屬專員）。這樣一來，使用情況的進
度就會明顯地顯示出來，可供持續提高認知與使用。

　　在新一季的開端，經理與專員開會進行季度查核。這類查
核是一對一重新檢討，而且是專員主導的討論，主題如下：我
負責哪些工作？工作處理得如何？接下來要負責什麼工作？請
專員把他們前一季自評的分數與新的 OKR 草稿帶過來討論。

　　討論期間，專員會告訴經理，在前一季的目標實行上，他
們覺得自己表現如何，並說明新一季希望達到哪些成就。經理
會輔導及支持專員，期望提供其他的方向或細節，並改進專員
的 OKR，確保符合主要的團隊初步計畫。討論過後，專員會做
出任何必要的改變，開始努力邁向所需的成果。

你們有使用 OKR 專用的技術方案嗎？

　　我們確實用了，我們非常幸運，西爾斯控股公司內部就
有**出色的**開發人員，他們是卓越的夥伴，協助我們團隊投入
OKR。我們採用內部的遊戲化平台，內有整套的自家人才管
理套件（包括目標設定、查核或績效對話、我們的即時意見工
具、人才考核等）。

科技是不是帶來了新的益處？

有科技可支援 OKR 對我們大有助益，尤其是西爾斯控股公司這樣複雜的大型企業，更是獲益良多。公司和其他事業單位的其他專員可享有目標與關鍵成果的完全透明化，這是我們之前從未享有的好處。我們的績效管理平台有個額外的好處，能把其他環節加到平台上，因此專員現在有個地方可以檢討自己負責的工作，在目標上有多少進展。此外，我們持續培養洞察力、學習知識、最佳做法，就能夠不斷改進技術，以便符合我們的需求。

你們現在或以前有考慮把 OKR 連結到獎酬嗎？為什麼？

西爾斯控股公司不會只把獎酬和績效連結在一起。實際上，我們有意把 OKR 當成個人生產力工具，藉此推動執行與成長，不會要求專員一定要採用 OKR（但超過 70％的專員每季自願使用 OKR）。西爾斯控股公司的獎酬是酌情支付，而且只是**好幾項**考量要素的其中一項，考量要素包括績效、潛力、擔任職務的時間長度、市場薪資等。

OKR 自評分數就只不過是……自評分數罷了。我們不會把那些分數彙總到神奇的人資資料庫，更不會儲存起來作為衡量績效用。我們鼓勵專員轉而利用自評的分數，以績效為主題，展開有意義的對話並預測工作，以便達到成果。

你們有把 OKR 連結到績效考核嗎？為什麼？

假如我們有績效考核的話，也許會這樣做。然而，2014 年起，我們的受薪員工和除了計薪人員以外的夥伴（亦即主要使用 OKR 的人員），不採用績效考核與績效評分。

你們從 OKR 獲得哪些具體好處？

我強迫自己最起碼要在每季的結尾與開端暫停一下，深吸一口氣，思考自己在前一季的表現如何，有沒有在需要關注的適當領域有所進展，下一季需要達成什麼，就只是這樣想一想，我個人就已獲益良多。這種做法不但能把龐大的工作劃分成容易處理的事項，還能完成更多事項，成效也更高。此外，這種做法還讓我培養了一整季查看 OKR 的習慣，有助於排定後續步驟的優先次序，確保其合乎所需成果。我們跟商業夥伴持續合作，了解他們是怎麼從 OKR 獲益，還一直聽到正面的意見。我們專員提出的意見，部分列舉如下：

- 市場經理：「我設立目的後，一年會重溫幾次，不是一年一次而已……」
- 經理：「就像當初撰寫 OKR 那樣，我會自行評定自己的 OKR 分數，從而真正思考自己想要達成什麼，以何種方式草擬絕佳的 OKR。」
- 區域經理：「我們很容易一整天都被『旋風』完全吞沒，

想做的事一件都沒做。OKR 讓人著眼於哪些因素可真正推動企業產生正面改變。」

你們如何確保公司持續有動力落實 OKR？

有了關鍵的領導者，有了熱忱的執行長與董事長，肯定有助於推動大家持續有動力落實 OKR。我們有中央人才管理團隊，他們會跟更大的人資通才社群與領導小組合作，持續支持整個企業在 OKR 上有所進度。資料若有廣泛的能見度，呈現出 OKR 在何處有沒有採用，有助於領導者了解何處有機會持續推升採用率。此外，這類資料可辨別出 OKR 的重度使用者，我們可持續利用這點向別人宣導這套方法的好處。這類資料還能幫助我們提高洞察力，判定 OKR 使用者之間的關係，持續凸顯運用 OKR 的好處。

舉例來說，我們現在知道每季創立的目標約 4.5 萬個，於是整個機構的關鍵成果約 12.5 萬個。這可是龐大的資料量！然後，我們就能在生態系統內把 OKR 使用情況跟其他的才能實踐相互連結起來，從而了解使用情況如何影響個人績效。

因此，我們知道專員若是採用 OKR，每季停下來反思自己的進度，並找出哪些方法可在新一季繼續有所進展，那麼相較於非 OKR 使用者，這類專員年復一年改善績效的機率高出了 11.5％。這就是中等績效者與高績效者之間的差別所在。前述洞見會一直共享給機構裡的專員，展現 OKR 方法對績效與生產力

措施的價值所在。

你們在實踐 OKR 時，最意外的事情主要有哪些？

我們碰到的意外之一，就是非常多人沒以合規方法推動流程就立刻開始使用工具。我們把 OKR 推行到公司時，是讓員工自願選擇，還仰賴溝通、教育、價值主張的方法來提高使用率。超過 70%的使用者每季設立 OKR，我們對此又驚又喜。

你們會在哪方面改變做法？

最初我們幾乎是只著眼於提高使用率，請專員「試試看」罷了。我們採取的策略是提高這套方法與技術的使用率，然後再回頭教導人員設立高品質、有效的目標。我不會說這是錯誤的做法……實際上，我認為這種做法在推行前有助於許多人員培養習慣，而那些設法思考目標的人肯定也獲益匪淺。此時，我們在培養專員方面做出重大投資，協助專員了解**高品質** OKR 如今的樣貌、如何讓 OKR 適當契合、OKR 評分的最佳做法、如何得知自己寫出的 OKR 是否有力又可量測。

你們會建議其他公司採用 OKR 嗎？為什麼？

當然會！想到自己的工作，想到一整年的進展，就再也無法想像自己會繼續仰賴年度目標。有許多公司無法從這個思維原則中獲益，實在叫人難以想像。

創新科技教育平台 GONOODLE

　　GoNoodle 會讓小孩變成最好的自己。利用簡短的互動式動作影片，以跳舞、伸展、跑步，甚至是正念靜心的活動，把動作納入一天中的各個部分，簡單又有趣。在學校，教師利用 GoNoodle 讓學生在教室裡保持活力、投入、積極。在家中，GoNoodle 把螢幕時間變成活動時間，家人可一起享受樂趣，動一動。使用 GoNoodle 的兒童數以百萬計，美國小學有 75％在使用。該公司的共同創辦人暨產品長約翰・賀伯（John Herbold）訴說了他們的 OKR 故事。

為何引進 OKR ？你們有考慮採用別的計畫嗎？

　　那是 2015 年秋季，我們才剛完成一輪募資，要展望 2016 年。成長計畫很有進取心，我們知道該計畫會帶來全新的複雜度，業務有可能會混亂成一團。要怎麼做才能處理好成長與規模？要怎麼做才能一直著眼於正確的事物？要怎麼做才能確立及傳達最重要的工作？要怎麼做才能進行量測並擔起自己該負的責任？

　　我付諸行動，開始閱讀，尋找有沒有線索能顯現其他公司是怎麼成功解決我們面臨的難題。在研究調查期間，我無意間發現了 OKR，其概念立刻吸引我的注意，它看起來是經過驗證的原則，可提供我們需要的專注、清楚、透明、責任。

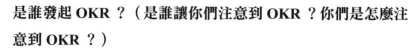

是誰發起 OKR ？（是誰讓你們注意到 OKR ？你們是怎麼注意到 OKR ？）

如前文所述，我是在研究調查期間發現 OKR 的。

是誰支持 OKR 的實踐？

我，我們的執行長也全力支持。務必要向整體團隊展現我一開始就致力於此。

你們是在企業的何處研擬 OKR ？是在公司層級？還是在事業單位層級？為什麼？

我們是從公司層級和事業單位層級開始。從個人 OKR 著手好像太大步，顧問強烈反對我們在 OKR 實踐初期就處理個人 OKR。但我們認為公司層級 OKR 不適合我們，我們已經有公司目標了。（由於 OKR 的緣故，公司目標之定義不如現在完善，方向卻十分精準。）策略型高層級目標以及每個事業單位或團隊的工作之間，必須要有明確的連結。我們決定開始投入公司與團隊 OKR 時，OKR 的連結性質是非常吸引人的環節。

你們研擬 OKR 時採取何種流程？是高階主管培訓課、充電靜修營、工作坊之類的嗎？

我們以近乎瘋狂的步調實踐 OKR。我研究過 OKR 的概念，對其理論可說是有相當深刻的理解。不過，我知道魔鬼就

在細節裡。為確保我們有好的開始，我請一位 OKR 顧問前來協助。請一位經驗豐富的教練，我們似乎不用傷腦筋就能避開常見的缺失。對我們而言，OKR 有很大的優勢，要是無法好好推行 OKR，有可能會讓員工筋疲力盡，還削弱員工付出的努力，所以我們必須做對才行。

2016 年 1 月 11 日，我和顧問第一次通了電話；2016 年 1 月 29 日，我們在公司推出 OKR。同樣是採取近乎瘋狂的步調。在中間的 18 天期間，我們跟高階主管團隊攜手合作，確立公司的 2016 年 OKR。目標相當容易就想出來了，但我們也開始體會到，寫出好的關鍵成果簡直是一門技術。這就是顧問是一大資產的原因。

我們構思出初步的公司 OKR 之後，我就跟各部門主管合作，開始草擬團隊層級 OKR，以利實現公司 OKR。我們跟顧問進行了馬拉松輔導課，輪番跟各主管會談，好制定出屹立不搖的關鍵成果。

我跟各主管構思 OKR 定稿時，我和顧問還是定期聯絡，大約是一週見個兩、三次，檢討進度，回答問題，草擬內部 OKR 問答集文件，討論有什麼最佳做法能順利把 OKR 推行到員工那裡。這一切都是以破記錄的快步調進行，但我們終究是完成了。到了首度召開 OKR 員工會議時，我們已確立了整個公司要達成的 33 個關鍵成果，制定完整的評分標準，還把這些資訊放在 Google 試算表，公司每個人都能查閱。OKR 的推行大獲成

功，剛學會飛的初步計畫好像就這樣遨翔在天際。

你們是使用谷歌模式嗎？若是，你是否根據貴單位的情況修改模式？

是，我們落實公司層級與團隊層級的 OKR，採用 1.0 分、0.7 分、0.3 分的評分制。有件事值得一提，我們設立的是每個關鍵成果都要採用的評分標準，而這是確立關鍵成果的其中一個環節。這件事不但困難，也極其重要。

為了讓人員專心去做對的事，要怎麼確保 OKR 反映出企業的策略？

可以採取以下幾種方法：

- 公司與團隊的願景宣言：這些是顧問提出的好建議。公司裡各團隊的存在理由是什麼？那個理由是否有利實現公司的願景和年度 OKR？各團隊的 OKR 是否有利直接落實團隊的願景？
- 每週檢討：每週一早上，高階主管團隊逐一檢討各個 OKR，把最新的內容記錄在共享的文件裡。
- 季中查核：季中召開員工會議，會中要檢討進度，各團隊要分享哪些做法有用，哪些沒用，從中可學習到什麼。
- 季末評分和檢討：季末召開另一次的員工會議，正式對進度評分，並推行下一季的 OKR。

- OKR 入門：向每位新進員工概要介紹 OKR，員工可從中
  了解什麼是 OKR？為何要使用 OKR？還有評分方法等。

前述方法全都有助加強 OKR，它是公司文化和經營 DNA
的根本所在。

你們如何替 OKR 評分？

我們採用 1.0 分、0.7 分、0.3 分的評分標準。各關鍵成果會
在創立時評分。至於第一次的季中檢討，我們並未正式對各關
鍵成果評分。我們簡化了流程，從每個團隊當中選出「綠色」
和「紅色」的關鍵成果各一，請關鍵成果負責人探討一下。季
末，我們會對各關鍵成果正式評分。

你們有對 OKR 的數量設限嗎？

我們打算設立二至四個目標，一個目標有三至五個關鍵成
果。有些小團隊只有一個目標，一或二個關鍵成果。大團隊有
更多的目標和關鍵成果。

你們研擬最初的一套 OKR 需要多久時間？

短短的 18 天！

誰負責持續管理 OKR 流程？

我負責的。

你們有把 OKR 推行到企業裡較低的層級嗎？

團隊／部門。個人 OKR 還沒有（第二季跟我的團隊小規模地試行個人 OKR）。

你們在傳達及教導企業運用 OKR 時，採取何種做法？

我們採用以下幾種做法：

- 季初召開全員大會，檢討成果，推行下一季 OKR。
- 季中召開全員大會，檢討進度。
- 共享 Google 試算表，公司每個人都看得到。
- 在新進員工進入公司後，教他們 OKR 事宜。
- 執行團隊每週檢討 OKR，把最新狀況放到共享的文件裡。

你們如何確保所有 OKR 都契合？

在草擬流程期間，我們找出各團隊間的依存關係。如果依存關係密切，就要確保 OKR 呈現出這樣的關係。此外，我每季跟執行長、財務長一起檢討所有團隊層級 OKR，確保這些 OKR 符合我們最需完成的事項。

團體要以何種方式呈報及檢討 OKR 成果？

公司管理團隊每週檢討進度。在會議中，團隊主管提出其團隊 OKR 的最新狀況。

你們有使用 OKR 專用的技術方案嗎？

沒有，只有 Google 文件和 Google 試算表。

你們現在或以前有考慮把 OKR 連結到獎酬嗎？為什麼？

沒有，我們希望 OKR 能促成宏大的想法。OKR 是有意設成有抱負的，我們不希望人員對他們辦得到的事情有所設限，不希望他們想著成敗會影響到獎酬。我們認為獎酬這種誘因違背 OKR 的精神，會對 OKR 的作用造成負面影響。

你們有把 OKR 連結到績效考核嗎？為什麼？

沒有，我們是新手。我們最大的目的就是讓 OKR 成為公司文化不可或缺的一環，讓團隊對 OKR 流程感到自在，讓團隊相信公司能從 OKR 中獲益良多。要是 OKR 正式連結到績效考核，就又多添一層複雜度得要掌控，還有可能違背獎酬的精神，就像是 OKR 連結到獎酬那樣。

你們從 OKR 獲得哪些具體好處？

最重要的工作變得明確起來，更著眼於執行層面，著眼的

事項變得透明化，擔起成果責任，以量化方式呈現進度，共同邁向有抱負的關鍵成果，改善公司文化。

你們如何確保公司持續有動力落實 OKR ？

每週召開高階主管層級的狀況會議，就等於是替公司奠定基調。我們使用共享的 Google 試算表，因此總是能查看誰取用了 OKR 文件。檔案裡總是看得見有人在查閱 OKR。我們的會議報告是利用 OKR 傳達。我們跟所有員工進行季中檢討，再加上季末評分，可真正確保我們保有動力。既然我們處於快速成長模式，務必要注意一點，OKR 現在已是到職流程不可或缺的環節。隨著 OKR 流程愈趨成為例行工作，我們的挑戰就在於要不斷拓展能力，抱持遠大的思維。

你們在實踐 OKR 時，最意外的事情主要有哪些？

最意外的事情就是寫出好的關鍵成果有多麼困難，那簡直是一門技術。理論上很簡單，實際上卻比預料的還要困難許多。學習曲線很陡，卻有很好的結果。在撰寫 OKR 時，會愈來愈善於更嚴格地思考自己想完成什麼，要怎麼確立及量測成就，怎麼擔起責任。

你們會在哪方面改變做法？

原本第一季會在 12 月開始流程，不是 1 月中旬才開始。但

我們到了 1 月底才完成 OKR 定稿。OKR 定稿要是早點完成，情況會更好。

你們會建議其他公司採用 OKR 嗎？為什麼？

當然會！正如我在第一個問題的回答，我們現在作業水準的嚴謹度是從前未曾有過的。你可以經由成果讓你最重要的工作變得明確，受到監督又透明化，每個人都看得到。評分真的是很重要的環節，這確實有點怪，有些人可能會以奇怪的眼光看待，可是看著一季的狀況，然後說出：「大家預先在評分標準取得共識，我們就這樣據此客觀進行。」這樣其實很好。後來有多麼成功，自然是不用多說。

知名稅務計算與申報軟體開發公司 TAXSLAYER

TaxSlayer 這家所得稅計算公司可回溯至 1965 年，現已成為創新的稅務計算與申報軟體開發公司，而且仍留存著創辦人對家族企業、對員工、對顧客、對社會的貢獻精神。今日，TaxSlayer 公司每年要計算的聯邦與州退稅可說是數以百萬計。企業規畫總監戴文·薛曼（Devin Sheman）在此分享該公司的 OKR 實踐情況。

為何引進 OKR ？你們有考慮採用別的計畫嗎？

當時我們要找的目標原則是要能協助我們規畫及執行工作。我們採用的是 SMART 原則*來設立該年的年度目標，就這樣了。不過，我們從未著眼於想達成的目標與成果。對我們而言，OKR 很有道理。OKR 模式讓我們在工作上多了一份責任，設立的頻率可以處理更急切的事物並改善規畫的內容，還著眼於真正重要的事情。我們唯一真正考慮採用的另一個系統是關鍵績效指標／平衡計分卡。

是誰發起 OKR ？（是誰讓你們注意到 OKR ？你們是怎麼注意到 OKR ？）

我（戴文）觀看了谷歌創投瑞克·克勞的影片，另外進行一些研究以後，在 2015 年讓公司注意到 OKR。我跟產品總經理和副總經理討論 OKR 的歷史、OKR 模式是怎麼從英特爾誕生的、OKR 的簡單應用、OKR 的內容、我們 TaxSlayer 可以如何從 OKR 的實踐中獲得實質益處。

是誰支持 OKR 的實踐？

我支持 OKR 的實踐。

---

* 是目標管理的一種方法，1954 年由彼得·杜拉克首度提出，SMART 五個英文字母分別代表 Specific(明確)、Measurable(可衡量)、Achievable(可達成)、Relevant (相關) 和 Time-bound (有時限)。

你們是在企業的何處研擬 OKR？是在公司層級？還是在事業單位層級？為什麼？

一開始落實 OKR 時，我們覺得由公司與分部層級負責研擬會是最佳做法。我們想要等到管理階層真正理解 OKR，然後再推行到員工。

你們研擬 OKR 時採取何種流程？是高階主管培訓課、充電靜修營、工作坊之類的嗎？

我們一開始是在內部舉辦充電靜修營，總共有七個工作坊，內容涵蓋了我們的產品，以及負責創立 OKR 的特定分部。我們覺得務必要有 OKR 教練／顧問協助我們開始進行，而我們採用了班提供的服務。

我們想要確保那些總監前來工作坊時，都已經準備好要討論他們在該年要達到的目標。於是，我跟每位總監會面，開始草擬分部層級的 OKR 初稿，之後會在充電靜修營檢討初稿並進一步改進。

充電靜修營過後，我再度跟每位總監會面，擬好分部 OKR 的最終草稿，並且為各團隊設立第一季的關鍵成果和評分。接著，在 3 月末召開全員大會（正好在 4 月 1 日新的目標年開始以前）。我們利用該次會議向公司展現我們該年的計畫、計畫內容，以及我們以何種方式衡量自己（有責任）。

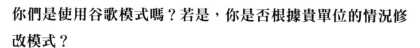

你們是使用谷歌模式嗎？若是，你是否根據貴單位的情況修改模式？

我覺得我們基本上是使用谷歌模式，主要的差別在於我們的公司和所有分部都設立了年度 OKR 和季度關鍵成果，而季度關鍵成果推動了年度 OKR。

為了讓人員專心去做對的事，要怎麼確保 OKR 反映出企業的策略？

我們處於成長模式，以許多方式擴展我們能力所及的範圍。如果 OKR 推動了成長和營收，那麼我們必須去探問背後的原因，並從成果展現的教訓當中學習。大家都明白，在自己做的事情當中，OKR 是最重要的一件事，而 OKR 應當推動公司往前邁進。

你們如何替 OKR 評分？

在 OKR 的應用中，評分是至關重要的環節，而我覺得總監也會認同這點。為了立下期望並判定什麼是有抱負的，我們在設立關鍵成果時會進行評分。如此一來，往往可展開對話，討論哪些事情很有挑戰性？哪些事情沒有挑戰性？於是，我們不得不跟契合的團隊討論各種目標與措施，而這個舉動大有助益。

你們有對 OKR 的數量設限嗎？

我們依循最佳做法，設立三到五個目標，每個目標有二到四個關鍵成果。必要時會有一些例外，但大部分而言，大家都是只專注設立心中最重要的目標與關鍵成果。

你們研擬最初的一套 OKR 需要多久時間？

約一個月的時間，我們進行了「OKR 工作坊事前規畫」。在工作坊開始以前，我先跟各分部主管會面，解釋 OKR 的應用，我期望今年會達到怎樣的明確度，還有要在即將到來的工作坊設立 OKR。從這類會議開始，一直到完成草稿、發布第一套 OKR，2 個月就過去了。

誰負責持續管理 OKR 流程？

我身為企業規畫總監，著眼於兩件事情：一是利用 OKR 執行（或稱短期規畫），二是三至五年的長期策略規畫。

你們有把 OKR 推行到企業裡較低的層級嗎？

現在沒有。要等到 OKR 在公司層級與分部層級實施一年後，才會推行到員工層級。儘管如此，我們還是會先審慎考量，畢竟其他有些科技公司擱下了個人 OKR，以利著眼於團隊層級。

你們在傳達及教導企業運用 OKR 時，採取何種做法？

我們利用每月的公司會議，把 OKR 傳達給整個機構。日後，我想使用一些內部的 Microsoft 365 工具，開發出 OKR 流程的培訓與意見網站。

你們如何確保所有 OKR 都契合？

我們指定主要試算表的一些部分，用以記錄公司目標的契合情況，以及分部之間的跨部門契合度。

團體要以何種方式呈報及檢討 OKR 成果？

可每週呈報，各總監每週寄送 OKR 狀況報告電子郵件給高階主管團隊；亦可在季中查核時進行。月末，我會跟各總監談談 OKR，藉此檢討 OKR 並快速得知最新狀況。

你們有使用 OKR 專用的技術方案嗎？

我們現在使用的幾個技術解決方案就只有Microsoft Excel、PowerPoint、OneDrive（用以存放文件與主要試算表）。我們的思考過程是這樣的，先真正學到 OKR 的內容，懂得率先寫出好的 OKR，然後再看看哪些軟體解決方案有助於管理流程。

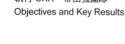
你們現在或以前有考慮把 OKR 連結到獎酬嗎？為什麼？

我們還沒考慮。

你們有把 OKR 連結到績效考核嗎？為什麼？

到了年終，OKR 會是經理季度績效考核的一部分，用以探究他們應用 OKR 的情況，比如他們是否真的應用了 OKR？他們是否充分發揮了 OKR 的潛力？他們是否跟團隊開會了？他們是否把最新狀況告知團隊？諸如此類。

你們從 OKR 獲得哪些具體好處？

我們獲得的具體好處如下：一，更常溝通：OKR 尤其會迫使我們展開對話，這在其他情況是做不到的；二，擔起責任一事在 TaxSlayer 達到新的水準。我們依事前的評分來設下期望，此舉讓經理人的心態真正轉變，讓經理人轉而著眼於成果。

你們如何確保公司持續有動力落實 OKR？

為了管理團隊，我們把 OKR 變得有趣又能互動。舉例來說，在公司外部舉辦為期 2 天的規畫充電靜修營，設立完 80％的 OKR。我也認為那是心態轉變所致。我們認為最佳方法就是獎勵成果，團體共同慶祝。

你們在實踐 OKR 時，最意外的事情主要有哪些？

沒什麼真正很意外的事，但在評分上，在工作與關鍵成果之間的區別上，我們確實有了「頓悟」時刻。

我是稍微誇大了點，但事先制定關鍵成果的評分標準，確實震撼了我們的世界，而這也是工作坊團體常提出的看法。不僅總經理讓我們擔負起自己的期望，經理人也是如此。如果在數字上有不同的見解，分數可作為討論的手段。

有能力區分工作與關鍵成果之間的差別，也很令人意外。以前，我們被一堆工作和行動淹沒，沒有著眼於我們想達成的實質成果。

你們會在哪方面改變做法？

契合度！在 OKR 規畫充電靜修營前，我們沒有先真正確立公司 OKR，所以為推行到高層而在契合度方面所做的努力從而有所減損。在工作坊也沒有真正去強制落實跨部門的契合度，所以我不得不確保我們傳達出團隊之間的依存關係，還要意識到有些只不過是日常業務支援，不是關鍵成果。下次我們設立 OKR，同在一間會議室時，會從一開始就查核契合度。

你們會建議其他公司採用 OKR 嗎？ 為什麼？

當然會。OKR 原則有長久的追蹤紀錄，所以我們知道它並不是一時流行的管理法。谷歌採用 OKR 二十幾年了，我認為英

特爾還是在運用 OKR。

　　如果你希望員工專注達到成果並做出正確的事，那就採用 OKR 吧！員工的工作和努力會有重心，每 30 天或 90 天就會把可量測的意見提供給你。如果你只是想把清單上的事項給劃掉，讓員工忙個不停，永遠不知道你前往的方向，那就別採用 OKR 了。

誌謝

　　本書主要的用意是協助大家把目的連結到策略宏圖,並著眼於最重要的事項。由此可見,我們應當一開始就要感謝多位對本書付出心力的人士,讓我們在敘述 OKR 故事時,仍得以持續應用策略並著眼於最重要的事項。我們何其幸運,享有客戶、同仁、朋友、親人的支持。我們感到十分榮幸,能與多人共事並從他們身上學習,他們的經驗與洞見影響了本書內容,下文概述當中幾位。

　　感謝約翰・杜爾,這位首屈一指的矽谷投資人認可了 OKR 的力量與潛能,把 OKR 的概念引進谷歌。

　　在此要對瑞克・克勞致意,他製作谷歌創投工作坊影片,詳述谷歌如何運用 OKR,更花時間親切地與我們討論 OKR。

　　謝謝席德・格塔(Sid Ghatak)、珍妮・芬伯里司(Jennie Lindeman Fimbres)、克雷格・海德曼(Craig Heldman)、巴比・威爾森(Bobby Wilson),還有整個 Metrics360 團隊。一開始原本只是關鍵績效指標的應用,不久卻變成 OKR 專案,我們從而開始著手投入。

　　感謝早期的 OKR 輔導客戶,他們在 OKR 輔導課程後還花時間提出許多意見。早期客戶有瑞生國際律師事務所(Latham & Watkins LLP)的泰洛・查芬(Terrell Chafin)和肯・希普斯

（Ken Heaps）、西爾斯控股公司的克里斯‧梅森和荷莉‧安格勒、加州大學聖塔芭芭拉分校（University of California, Santa Barbara）的理查‧奇普（Richard Kip）、ZIN 科技公司（ZIN Technologies Inc.）的蓋瑞‧敏臣柏（Gary Mynchenberg），最後一位還負責主辦我們在俄亥俄州克里夫蘭（Cleveland）開設的首波 OKR 工作坊。

第一件國際 OKR 專案把我們帶到了柏林，跟 Zalando 團隊攜手合作，在施普雷（Spree River）河畔度過許多美好夜晚。謝謝羅伯‧甘茲、克里斯多夫‧朗格（Christoph Lange）、弗勞克‧馮‧伯勒（Frauke von Polier）、艾鐸‧顏戴（Edouard Yendell）、馬蘭‧克洛（Maren Kroll）、卡欽‧慕勒（Katrin Mueller）、拉米‧索萬（Rami Sowan）、史蒂芬‧畢昂奇（Steven Bianchi），還要謝謝 Zalandos 全體人員一整天參與我們開設的 OKR 專家培訓課程。

謝謝 eBay Classified Group 的威廉－真‧詹森（Willem-Jan Jansen）和格蘭‧布萊斯（Grant Bryce）協助我們與多倫多的 Kijiji 團隊交流。

十分感謝約翰‧賀伯、史考特‧麥奎格（Scott McQuigg）和 GoNoodle 團隊幫助我們在短短幾週內於整個公司推出成功的 OKR 專案！

非常謝謝戴文‧薛曼、布萊恩‧羅斯（Brian Rhodes）、史考特‧羅斯（Scott Rhodes）、湯瑪斯‧薛勞斯（Thomas

Sherrouse）和 TaxSlayer 團隊，在我們於喬治亞州舉辦工作坊之前，就以南方人的好客態度，額外付出心力，草擬好 OKR。

謝謝索妮亞・馬丹，她跟 CareerBuilder 的羅傑・弗哲和早期採用 OKR 的人員共同合作，成功籌辦了我們那令人難忘的 OKR 工作坊。謝謝莎賓娜・皮克羅和安迪・柯魯彼特，兩人負責協調芝加哥和亞特蘭大的工作坊，CareerBuilder 在那裡學會了 OKR，短短幾天就替約三十個團隊擬定草稿！

在此無法每位客戶一一唱名，但確實想要對一些客戶表達謝意，我們在研擬本書素材時，往往會想到他們，例如 ShopStyle 的今井麗子（Reiko Imai）、吉姆・黎西提（Jim Ricitelli）、湯瑪斯・史布霍茲（Thomas Spoonholtz）、FirstREX 的布萊恩・艾伯根（Brian Elbogen）、OfferPop 的艾莉西亞・雷蒙（Alicia Raymond）、Digital Ocean 的莫西・烏雷斯基（Moisey Uretsky）和班・烏雷斯基（Ben Uretsky）、OpenX 的羅傑・柯恩（Roger Corn）。

除前述客戶，同仁和朋友的關係與意見也讓我們獲益匪淺。文森・杜拉克（Vincent Drucker）不僅向我們大致說了他父親彼得・杜拉克對 OKR 可能會有的看法，他的指導更讓我們除了思考公司層級，還要詳細考量團隊層級的長期規畫。此外，文森讓我們更相信 OKR 應以正面語言傳達，還讓我們在拓展能力的概念及投入程度之間取得平衡，從而擴展 OKR 評分法。

跟世界各地的 OKR 專家——尤其是克里斯蒂娜・沃特克、

菲利普・卡斯楚、丹・蒙哥馬利（Dan Montgomery）——對談後，我們從中獲得啟發，就 OKR 的理論與實踐展開多次討論。

謝謝 BetterWorks 的克里斯・達根和保羅・李夫斯（Paul Reeves），他們讓班有機會把心力貢獻給一些早期 OKR 培訓材料和主辦目標高峰會，還把我們介紹給唐諾・索爾。

謝謝 OKR 領域的其他軟體廠商，有 Perdoo 創辦人亨利－真・范德波爾、Alliance Enterprises 的克里斯・派普（Chris Pieper），他們的熱忱和投入讓 OKR 得以在整個公司建立連結，人人都能注意到。

其他商業夥伴和友人也對我們的思維多所助益，有 MTS 的傑伊・富比士（Jay Forbes）、Vizen LLC 的葛雷格・弗斯特（Greg Foster）、Collaborative Strategy 的珊迪・理查森（Sandy Richardson）、Prana Business 的喬伊・克拉克（Joe Clark）、Corporater 的托爾・英格・瓦薛斯（Tor Inge Vasshus）。

最後要感謝我們的雙親，馬里奧・拉莫（Mario Lamorte）和蘇琳・拉莫（Suellen Lamorte），還有已故的貝夫・尼文（Bev Niven）和琴・尼文（Jean Niven），深深感謝他們的愛與支持。

附註

第 1 章

1. *Connections* (TV Series). *Wikipedia: The Free Encyclopedia*. Accessed March 7, 20

2. Peter Drucker, *The Practice of Management* (New York: Harper Business re-issue edition, 2010).

3. 同上。

4. 同上。

5. Andrew S. Grove, *High Output Management* (New York: Random House, 1983).

6. 同上。

7. 同上。

8. https://www.youtube.com/watch?v=MF_shcs5tsQ. Accessed January 25, 2016.

9. 你可在此觀看影片：https://www.youtube.com/watch?v=mJB83EZtAjc。

10. 引文源自 Robert Simons, "Stress Test Your Strategy," *Harvard Business Review* (November 2010)。

11. Matthew Stewart, *TheManagement Myth:Why the Experts Keep Getting it Wrong* (New York: W.W. Norton & Company, 2009).

12. Jacob Weisberg, "We Are Hopelessly Hooked," *New York Review of Books* (February 25, 2016).

13. Donald Sull, Rebecca Homkes, and Charles Sull, "Why Strategy Execution Unravels—And What to Do about It," *Harvard Business Review* (March 2015): 58–66.

14. Brian E. Becker, Mark A. Huselid, and Dave Ulrich, *The HR Scorecard* (Boston: Harvard Business School Press, 2001).

15. www.brainyquote.com/quotes/quotes/m/miketyson3824html.

16. Donald Sull and Kathleen M. Eisenhardt, *Simple Rules* (New York: Houghton Mifflin Harcourt, 2015).

17. Chris McChesney, Sean Covey, and Jim Huling, *The 4 Disciplines of*

Execution: Achieving Your Wildly Important Goals (New York: Free Press, 2012).

18. *Global Human Capital Trends 2016* (Westlake, TX: Deloitte University Press, 2016).

19. Chris Zook and James Allen, *Repeatability: Build Enduring Businesses for a World of Constant Change* (Boston: Harvard Business School Press, 2012).

20. Rita Gunther McGrath, "How the Growth Outliers Do It," *Harvard Business Review* (January–February, 2012): 110–116.

21. Christopher G.Worley, Thomas Williams, and Edward E. Lawler III, *The Agility Factor: Building Adaptable Organizations for Superior Performance* (New York: Jossey-Bass, 2014).

22. Clayton M. Christensen, Michael Raynor, and Rory MacDonald, "What Is Disruptive Innovation?" *Harvard Business Review* (December 2015): 44–53.

23. Seven Surprising Disruptions, www.strategy-business.com/7-Surprising-Disruptions.

24. Kevin Kruse, *Engagement 2.0: How to Motivate Your Team for High Performance* (Create Space Independent Publishing, 2012).

25. *Global Human Capital Trends 2016* (Westlake, TX: Deloitte University Press, 2016).

26. J.C. Spender and Bruce A. *Strong, Strategic Conversations: Creating and Directing the Entrepreneurial Workforce* (Cambridge, UK: Cambridge University Press, 2014).

27. Rick Klau, "Superpowers at Work: OKRs," Re: Work (December 21, 2015).

28. Stacia S. Garr, "High-Impact Performance Management," Bersin by Deloitte, (December 2014).

29. "Bring OKRs to Your Organization," Re: Work, https://rework.withgoogle.com/guides/set-goals-with-okrs/steps/bring-OKRs-to-your-organization/. Accessed January 5, 2016.

30. Jena McGregor, "Why People Really Leave Their Jobs," *The Washington Post*, March 18, 2014, online edition.

31. 來源是 Sears 內部簡報，跟作者共享。

第 2 章

1. Marcus Buckingham, *The One Thing You Need to Know* (New York: The Free Press, 2005).
2. Chris McChesney, Sean Covey, and Jim Huling, *The Four Disciplines of Execution: Achieving Your Wildly Important Goals* (Free Press, 2012; Kindle edition, location 483).
3. Ram Charan and Larry Bossidy, *Confronting Reality; Doing What Matters to Get Things Done* (New York: Crown Business, 2004).
4. Steve J. Martin, Noah Goldstein, and Robert Cialdini, *The Small Big: Small Changes That Spark Big Influence* (New York: Grand Central Publishing, 2014).
5. John Wooden and Jay Carty, *Coach Wooden's Pyramid of Success* (Ventura, CA: Regal, 2005), 34.
6. Michael Beer and Nitin Nohria, "Cracking the Code of Change," *Harvard Business Review* (May–June 2000): 133.
7. McKinsey & Company, "The Science of Organizational Transformations" (September 2015), www.mckinsey.com/business-functions/organization/our-insights/the-science-of-organizational-transformations#0.
8. Portions of this section are drawn from Paul R. Niven, *Balanced Scorecard Evolution: A Dynamic Approach to Strategy Execution* (Hoboken, NJ: John Wiley & Sons, 2014).
9. Michael Allison and Jude Kaye, *Strategic Planning for Nonprofit Organizations* (New York: JohnWiley & Sons, 1997), 56.
10. James C. Collins and Jerry I. Porras, "Building Your Company's Vision," *Harvard Business Review* (September–October, 1996).
11. Peter F. Drucker, *Managing the Non-Profit Organization* (New York: Harper Business,1990), 5.
12. http://panmore.com/walmart-vision-mission-statement-intensive-genericstrategies. Accessed November 11, 2013.
13. Thomas Wolf, *Managing a Nonprofit Organization in the Twenty-First Century* (New York: Fireside, 1999).
14. Muhtar Kent, "Shaking Things Up at Coca-Cola," *Harvard Business Review* (October 2011): 94–99.

15. David Collis, "Lean Strategy," *Harvard Business Review* (March 2016).

16. Paul R. Niven, *Roadmaps and Revelations: Finding the Road to Business Success on Route 101* (Hoboken, NJ: John Wiley & Sons, 2009).

17. Paul Leinwand and Cesare Mainardi, "What Drives a Company's Success? Highlights of Survey Findings," *Strategy&* (originally published by Booz & Company, October 28, 2013), www.strategyand.pwc.com/reports/whatdrives-a-companys-success. Accessed March 16, 2016.

第 3 章

1. John Beshears and Francesca Gino, "Leaders as Decision Architects," *Harvard Business Review* (May 2015).

2. "How to Make OKRs Actually Work at Your Startup," http://firstround.com/review/How-to-Make-OKRs-Actually-Work-at-Your-Startup. Accessed January 21, 2016.

3. Schumpeter blog, "Management by Goal-Setting Is Making a Comback, Its Flaws Supposedly Fixed," *The Economist*, March 7, 2015,www.economist.com/news/business/21645745-management-goal-setting-making-comeback-itsflaws-supposedly-fixed-quantified-serf.

4. Donald Sull and Kathleen M. Eisenhardt, *Simple Rules: How to Thrive in a Complex World* (New York: Houghton Mifflin Harcourt, 2015).

5. Paul R. Niven, *Balanced Scorecard Evolution:A Dynamic Approach to Strategy Execution* (Hoboken, NJ: John Wiley & Sons, 2014).

6. Perry Hunt, "Never Underestimate the Power of a Paint Tube," *Smithsonian Magazine*, May 2013.

7. Ben Lamorte, "Everyone Should Have OKRs! Q&A with a Googler," *Enterprise Goal Management* (January 21, 2015), http://eckerson.com/articles/everyoneshould-have-okrs-q-a-with-a-googler.

8. See for example Edwin A. Locke and Gary P. Latham, *New Developments in Goal Setting and Task Performance* (New York: Routledge, 2012).

9. Teresa Amabile and Steven J. Kramer, "The Power of Small Wins," *Harvard Business Review* (May 2011).

10. "Set Objectives and Develop KeyResults," Re: Work, https://rework.withgoogle.com/guides/set-goals-with-okrs/steps/set-objectives-and-develop-keyresults/. Accessed January 5, 2016.

11. Michael J. Mauboussin, "The True Measures of Success," *Harvard Business Review* (October 2012).

12. Michael J. Gelb, *How to Think Like Leonardo da Vinci* (New York: Bantam Dell, 2004).

13. Christina Wodtke, *Radical Focus: Achieving Your Most Important Goals with Objectives and Key Results* (cwodtke.com, 2016).

14. "Goal Summit 2015: Why Goals Matter with John Doerr," *Better Works* (May 10, 2015), https://www.youtube.com/watch?v=MF_shcs5tsQ. Accessed January 25, 2016.

15. Greg McKeown, *Essentialism: The Disciplined Pursuit of Less* (New York: Crown Business, 2014).

16. 同上。

17. Susan Cain, *Quiet: The Power of Introverts in a World That Can't Stop Talking*, Kindle edition (New York: Random House, 2012).

18. Stephen R. Covey, *The 8th Habit* (New York: The Free Press, 2004), 3.

第 4 章

1. Stephen R. Covey, *The 8th Habit* (New York: The Free Press, 2004).

2. Stephen Taub, "Dazed and Confused," *CFO.com* (September 2002).

3. Christina Wodtke, *Radical Focus: Achieving Your Most Important Goals with Objectives and Key Results* (cwodtke.com, 2016).

4. From John Doerr interview at Goal Summit, San Francisco, April 16, 2015.

5. Sun Tzu, *The Art of War* (Oxford, UK: Oxford University Press, 1963).

6. 本節數據來源：Donald Sull and Rebecca Homkes, "Why Strategy Execution Unravels—and What to Do About It," *Harvard Business Review* (March 2015)。

7. 引文來源：James Surowiecki, *The Wisdom of Crowds* (New York: Doubleday, 2004)。

第 5 章

1. 本節部分內容是基於以下著作裡的資料：Christina Wodtke, *Radical Focus: Achieving Your Most Important Goals with Objectives and Key Results* (cwodtke.com, 2016)。

2. Michael E. Raynor, *The Strategy Paradox* (New York: Doubleday, 2007).

3. Jack B. Soll, Katherine L. Milkman, and John W. Payne, "Outsmart Your Own Biases," *Harvard Business Review* (May 2015).

4. Peter M. Gollwitzer, "Implementation Intentions: Strong Effects of Simple Plans," *American Psychologist* (1999).

5. Ryan Holiday, *The Obstacle Is the Way: The Timeless Art of Turning Trials into Triumph* (New York: Portfolio, 2014).

6. Ed Catmull and Amy Wallace, *Creativity Inc.: Overcoming the Unseen Forces That Stand in the Way of True Inspiration* (New York: Random House, 2014).

7. Edgar H. Schein, *Humble Inquiry: The Gentle Art of Asking Instead of Telling* (San Francisco: Berrett-Koehler, 2013).

8. 引文源自：Robert Simons, "Stress Test Your Strategy," *Harvard Business Review* (November 2010)。

9. Eric Ries, *The Lean Startup: How Today's Entrepreneurs Use Continuous Innovation to Create Radically Successful Businesses* (New York: Crown Business, 2011).

10. Steve J. Martin, Noah Goldstein, and Robert Cialdini, *The Small Big: Small Changes That Spark Big Influence* (New York: Grand Central Publishing, 2014).

11. Jane McGonigal: *Reality Is Broken: Why Games Make Us Better and How They Can Change the World* (New York: Penguin, 2011).

12. Rajat Paharia, *Loyalty 3.0: How to Revolutionize Customer and Employee Engagement with Big Data and Gamification* (New York: McGraw-Hill, 2013).

第 6 章

1. Steven Pressfield, *The War of Art, Break Through the Blocks and Win Your Inner Creative Battles* (New York: Black Irish Entertainment, 2012).

2. Andrew S. Grove, *High Output Management* (New York: Random House, 1983).

3. Impraise Blog, "Deloitte Joins Adobe and Accenture in Dumping Performance Reviews," Steffen Maier, May 3, 2015, http://blog.impraise.

com/360-feedback/deloitte-joins-adobe-and-accenture-in-dumping-performancereviews-360-feedback.

4. Marcus Buckingham, "Most HR Data Is Bad," *Harvard Business Review* (March 2015).

5. http://blog.impraise.com/360-feedback/deloitte-joins-adobe-and-accenturein-dumping-performance-reviews-360-feedback. Accessed May 2, 2016.

6. Grove.

7. Impraise Blog.

8. Peter Drucker, *The Practice of Management* (New York: Harper Business re-issue edition, 2010).

9. Daniel Pink, *Drive: The Surprising Truth About What Motivates Us* (New York: Riverhead Books, 2011).

10. See Worldat Work and Deloitte Consulting, "Incentive Pay Practices Survey: Publicly Traded Companies," February 2014.

11. David Rock, *Your Brain at Work: Strategies for Overcoming Distractions, Regaining Focus, and Working Smarter All Day Long* (New York: Harper Business, 2009).

12. Impraise Blog.

13. Portions of this section draw on Paul R. Niven, *Balanced Scorecard Step-by-Step: Maximizing Performance and Maintaining Results*, 2nd edition (Hoboken, NJ: 2006).

第 7 章

1. 請注意：我們對所有受訪者提出同樣的問題，但並不是每個人都會回答所有問題。此外，為求明確，有些回答經過編輯。編輯過的內容一律取得受訪公司許可。

翻轉學 翻轉學系列 011

執行 OKR，帶出強團隊

Google、Intel、 Amazon……一流公司激發個人潛能、凝聚團隊向心力、績效屢創新高的首選目標管理法

Objectives and Key Results: Driving Focus, Alignment, and Engagement with OKRs

作　　　　者	保羅・尼文（Paul R. Niven）、班・拉莫（Ben Lamorte）	
譯　　　　者	姚怡平	
總　編　　輯	何玉美	
主　　　編	林俊安	
特 約 編 輯	許景理	
封 面 設 計	FE 工作室	
內 文 排 版	黃雅芬	

出 版 發 行	采實文化事業股份有限公司
行 銷 企 劃	陳佩宜・黃于庭・馮羿勳・蔡雨庭
業 務 發 行	張世明・林踏欣・林坤蓉・王貞玉
國 際 版 權	王俐雯・林冠妤
印 務 採 購	曾玉霞
會 計 行 政	王雅蕙・李韶婉
法 律 顧 問	第一國際法律事務所　余淑杏律師
電 子 信 箱	acme@acmebook.com.tw
采 實 官 網	www.acmebook.com.tw
采 實 臉 書	www.facebook.com/acmebook01

I S B N	978-986-507-000-7
定　　　價	380 元
初 版 一 刷	2019 年 4 月
劃 撥 帳 號	50148859
劃 撥 戶 名	采實文化事業股份有限公司
	104 台北市中山區南京東路二段 95 號 9 樓
	電話：(02)2511-9798　傳真：(02)2571-3298

國家圖書館出版品預行編目資料

執行 OKR，帶出強團隊：Google、Intel、 Amazon……一流公司激發個人潛能、凝聚團隊向心力、
績效屢創新高的首選目標管理法 / 保羅・尼文（Paul R. Niven）、班・拉莫（Ben Lamorte）著；姚
怡平譯 . – 台北市：采實文化，2019.04
328 面；14.8×21 公分 . --（翻轉學系列；11）
譯自：Objectives and Key Results: Driving Focus, Alignment, and Engagement with OKRs
ISBN 978-986-507-000-7（平裝）
1. 目標管理 2. 決策管理
494.17　　　　　　　　　　　　　　　　　　　　　　　　　　　　　　　108003169

Objectives and Key Results: Driving Focus, Alignment, and Engagement with OKRs
by Paul R. Niven and Ben Lamorte
Copyright © 2016 by John Wiley & Sons Inc.
Traditional Chinese edition © 2019 by ACME Publishing Co., Ltd.
This edition published by arrangement with John Wiley & Sons International
Rights, Inc.
through LEE's Literary Agency, Taipei.
All rights reserved.

翻轉學

翻轉學

翻轉學

翻轉學